生物有機化学がわかる講義

清田洋正 著

講談社

はじめに

　皆さん，高等学校の有機化学では，有機化合物の構造と官能基ごとの反応を訳もわからず暗記することに時間を費やされたことと思います。その通り，有機化合物の世界は奥が深く幅が広く，数百万個の化合物が文献に記載されており，今も日々膨大な知見が積み重ねられています。有機化学はこれほどに広く大変な世界であり，かつ専門として学ぶものには面白い世界です。一方，生物の働きはすべて，微視的には化学の作用からなりたっています。私は，生物学特に生化学を真に理解するためには，そこで微視的に起きている有機化学反応を知ることが重要かつ不可欠と確信しています。本書の目的は，有機化合物・生体成分の性質を見抜く目，そして多様な有機化学反応と複雑な生化学反応をいくつかの約束事から理解する能力を育てることです。将来有機化学を専攻する方は勿論，生化学を志す人のために筆を執りました。

　第1章は有機化学の基礎と分子の見方，第2章では有機電子論に基づいた有機化合物の反応を詳しく説明します。第3章で生体成分の化学的性質と反応を知り，第4章はいよいよ生化学反応の実際（酵素反応と化学反応が本質的には同一の機構で進むこと）を学びます。そして第5章に有機化合物の合成デザインを加えました。それ迄培った有機化学力を総動員して考えることにより，より深い化学的視点を身につけることができます。

　皆さんが，有機化学は生化学と別個にある単なる暗記科目ではなく，生化学の基礎となる重要な科目であることに気がついてくれれば幸いです。そして将来，未知の化合物や反応に出会った時，その性質やしくみを知る手がかりとなることを願います。

　最後になりましたが，私の講義を憶えていて執筆を勧めて下さった三浦洋一郎氏（講談社サイエンティフィク）にとてもお世話になりました。今本書があるのも，これ迄私を導いて下さった先生方と諸先輩の薫陶，苦楽を共にした仲間達と学生諸君との切磋琢磨のお陰です。また受講生諸君の忌憚ないアンケート意見こそ講義改善の柱でした。以上の方々に心から感謝申し上げます。

平成22年3月5日

　　　　　　　　　　　　　　　　　　　　　　　　　　　　　清田洋正

生物有機化学がわかる講義 ───目次

第1章 有機化学の基本 原子と分子 ... 1

1-1. 分子間引力 ... 1
- 1-1-1. 静電的相互作用 ... 1
- 1-1-2. 水素結合 ... 2
- 1-1-3. 疎水効果 ... 2
- 1-1-4. 溶解性 ... 2

1-2. 原子の構造 ... 3

1-3. 原子と分子 (1) 水素 ... 4
- 1-3-1. H原子の三態 ... 4
- 1-3-2. H_2 分子 ... 5
- 1-3-3. H_2 分子の開裂 ... 6

1-4. 原子と分子 (2) 炭素 ... 6
- 1-4-1. C原子の軌道 ... 6
- 1-4-2. メタン分子の構造とC—C結合 ... 6
- 1-4-3. C—H結合の開裂形式と電荷 ... 8
- 1-4-4. C=C結合・C≡C結合とベンゼン環 ... 9

1-5. 原子と分子 (3) 窒素 ... 11

1-6. 原子と分子 (4) 酸素 ... 11

1-7. 原子と分子 (5) ハロゲン ... 12

1-8. 電気陰性度 ... 13

1-9. 酸と塩基 ... 15
- 1-9-1. Brønsted-Lowryの酸・塩基 ... 15
- 1-9-2. 塩基性の尺度も pK_a ? ... 16
- 1-9-3. 酸性・塩基性 - 両方の性質 ... 17
- 1-9-4. Lewis (ルイス) の酸・塩基 ... 21

1-10. 酸塩基の強弱と誘起効果，共鳴効果 ... 23
1-10-1. 酸性度の比較（1）共鳴効果（R 効果） ... 23
1-10-2. 二重結合の共役 ... 25
1-10-3. 酸性度の比較（2）誘起効果（I 効果） ... 25
1-10-4. 塩基性度の比較 ... 27
1-11. 塩基性と求核性 ... 30
1-12. 有機化合物の構造式の書き方 ... 31
1-12-1. 点電子式 ... 31
1-12-2. 構造式の略記法 ... 31
1-13. 立体化学と異性体 ... 32
1-13-1. 幾何異性体 ... 32
1-13-2. 鏡像異性体 ... 32
1-13-3. 配座異性体 ... 33

第2章 有機化学反応 反応のメカニズム ... 38
2-1. イオン性反応の基本 ... 38
2-2. 電子移動の矢印 ... 39
2-3. 二分子求核置換反応（S_N2 反応）と二分子脱離反応（E2 反応） ... 41
2-3-1. 二分子求核置換反応（S_N2 反応）〜ローンペアが求核攻撃する場合 ... 41
2-3-2. 二分子脱離反応（E2 反応）〜ローンペアが塩基として働く場合 ... 43
2-3-3. E2 反応の立体化学的考察 ... 44
2-4. 一分子求核置換反応（S_N1 反応）と一分子脱離反応（E1 反応） ... 46
2-4-1. 一分子求核置換反応（S_N1 反応） ... 46
2-4-2. 一分子脱離反応（E1 反応） ... 48
2-4-3. E1 反応においてメチル基の転位が起きる例 ... 49
2-5. 二重結合（C=C）への付加反応（求電子付加反応） ... 51
2-5-1. ハロゲン化水素・ハロゲンの付加反応 ... 51
2-5-2. 水和反応 ... 53
2-5-3. 酸化反応 ... 55
2-5-4. 還元反応 ... 57

2-6. 芳香族化合物と求電子置換反応 ... 57
- 2-6-1. 芳香族性 ... 58
- 2-6-2. 求電子置換反応 ... 59
- 2-6-3. 置換基効果（2 回目の置換反応の速度と位置）... 59
- 2-6-4. ベンゼン誘導体の酸化と還元 ... 62

2-7. カルボニル基の反応 ... 63
- 2-7-1. カルボニル基の性質 ... 63
- 2-7-2. カルボニル基の反応 ... 65
- 2-7-3. 酸性条件での反応 ... 66
- 2-7-4. 塩基性条件での反応 ... 75

2-8. カルボニル基のかかわる酸化還元反応 ... 85
- 2-8-1. 酸化反応 ... 86
- 2-8-2. 還元反応 ... 87

2-9. ラジカル反応の基本 ... 88
- 2-9-1. ラジカルの構造 ... 89
- 2-9-2. ラジカル反応の種類 ... 89
- 2-9-3. ラジカル置換反応 ... 90
- 2-9-4. ラジカル付加反応 (*anti*-Markovnikov 付加) ... 91
- 2-9-5. 1 電子還元反応 (Birch (バーチ) 還元) ... 92
- 2-9-6. 1 電子還元反応・ラジカルカップリング反応 (アシロイン縮合) ... 92

2-10. Diels-Alder (ディールス・アルダー) 反応 ... 93

2-11. 2 章で学んだ代表的な反応のまとめ ... 94

第3章 生体成分の化学 糖，核酸，アミノ酸，脂質 ... 97

3-1. 糖類（炭水化物）... 97
- 3-1-1. 糖類の種類と構造 ... 97
- 3-1-2. 糖類の化学反応 ... 104

3-2. 核酸 ... 107
- 3-2-1. 核酸の構造 ... 107
- 3-2-2. 核酸類の性質と反応 ... 109

3-2-3. 核酸類の合成と生合成（*N*-グリコシル化） 112

3-3. アミノ酸 113
3-3-1. アミノ酸の構造 114
3-3-2. 中性アミノ酸 114
3-3-3. 酸性アミノ酸 116
3-3-4. 塩基性アミノ酸 116
3-3-5. ペプチド・タンパク質 117
3-3-6. ペプチドの化学反応と合成 119

3-4. 脂質 123
3-4-1. 単純脂質 124
3-4-2. 複合脂質 126
3-4-3. 非けん化性脂質 127

第4章 生化学反応の有機化学的解釈
酵素反応と化学反応 128

4-1. 縮合・加水分解反応 128
4-1-1. ケトン誘導体の相互変換（グリコシル化・アセタール交換反応） 128
4-1-2. カルボン酸誘導体の相互変換 129

4-2. C―C 結合形成反応 131
4-2-1. アルドール反応 132
4-2-2. Claisen（クライゼン）反応 133
4-2-3. メチル化反応（SAM（*S*-アデノシルメチオニン）） 136

4-3. 酸化・還元反応 137
4-3-1. NAD$^{\oplus}$（ニコチンアミドアデニンジヌクレオチド） 138
4-3-2. 1 電子酸化・還元反応（FAD，CoQ，ビタミン E） 140

第5章 有機化合物の合成デザイン 143

5-1. 合成と逆合成解析 143
5-1-1. 逆合成解析 143
5-1-2. 合成（計画の確認） 144

5-2. 合成計画の立て方 1 〜炭化水素を例に〜 ... 145
　5-2-1. 単純な炭化水素の合成（単純な切断） ... 146
　5-2-2. アルキンの利用 ... 147
　5-2-3. ケトンの利用 ... 148
　5-2-4. アルケンの利用（Wittig（ウィッティヒ）反応） ... 149

5-3. 合成計画の立て方 2 〜アルコール〜 ... 150
　5-3-1. 基本の切断（アルデヒドへの求核付加反応） ... 150
　5-3-2. α- と β-炭素間での切断（エポキシドへの S_N2 反応） ... 151
　5-3-3. アルキンの利用 ... 152
　5-3-4. ケトンの利用 ... 153

5-4. 合成計画の立て方 3 〜2 官能基（ジオール）〜 ... 154
　5-4-1. 1,2-ジオール ... 154
　5-4-2. 1,3-ジオール ... 155
　5-4-3. 1,4-, 1,5-, 1,6-ジオール ... 156

5-5. 合成計画の立て方 4 〜環状化合物〜 ... 158
　5-5-1. 分子内アルドール反応 ... 158
　5-5-2. Dieckmann（ディックマン，分子内 Claisen）縮合反応 ... 160
　5-5-3. アセト酢酸エステル（マロン酸エステル）合成 ... 161
　5-5-4. Diels-Alder（ディールス・アルダー）反応 ... 163

5-6. 化学選択性と保護基の利用 ... 164
5-7. 出発物質 ... 168
5-8. 本章で頻出する有機化学反応 ... 170

付録　有機化合物の命名法 ... 172

参考文献 ... 175

索引 ... 176

第1章 有機化学の基本
原子と分子

　有機化学の世界には専門家でもおぼえきれないほど膨大な化合物や反応があふれていますが，そこで起きていることすべては，自然の法則・物理法則にしたがっているはずです。本章の目的は，化合物の性質や反応のしくみを理解するために必要な，最小限の法則を知ることです。有機化学反応がなぜ起こるか，有機化合物（官能基）はどのような性質をもっているかの約束ごとを身につければ，未知の物質や反応に出会っても基本から歩み寄り理解することができるでしょう。そうすればもはや有機化学や生化学は暗記科目でなくなるのです。

1-1. 分子間引力

　有機化学反応は，大きく分けて (1) 静電的相互作用と (2) 軌道相互作用による安定化によって進行します。本書では (1) を中心に扱います。
　ある分子が別の分子と反応するためには，両者が出会う必要があります。まずはその出会い，分子と分子の間に働く力について知ることが大切です。

1-1-1. 静電的相互作用

　静電的相互作用は，古くから有機化学反応を説明するための「有機電子論」の基礎として用いられてきました。これは点電荷間に働くクーロン力のことで，**正（陽・＋）電荷と負（陰・－）電荷は引きつけ合い，正電荷同士・負電荷同士は反発します**。この力は距離に反比例します（図 1-1）。簡単なことですが，電荷の有無・片寄りを意識することが，複雑な分子の性質を見抜くために最も大切です。

図 1-1. 点電荷間に働くクーロン力の様子

1

1-1-2. 水素結合

水素結合は，電気陽性の水素と電気陰性の原子（酸素，窒素など）との間に働く力で，静電的相互作用の一種です（図1-2）。

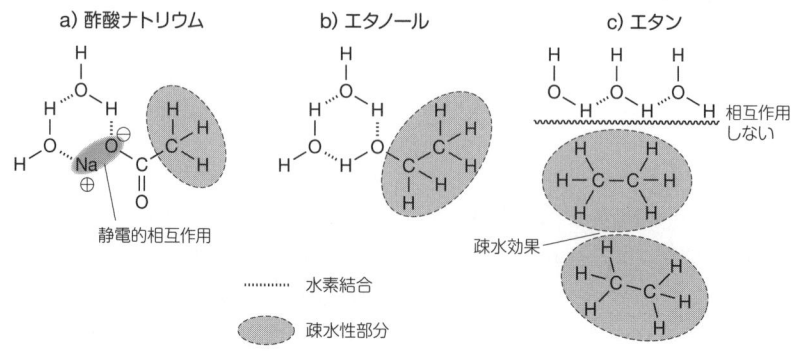

図1-2. 親水性・疎水性物質と分子間相互作用

1-1-3. 疎水効果

分子内に電荷や電気的片寄りをもたない分子を疎水性分子とよびますが，これらは水に溶けません。水分子同士が形成する強い水素結合ネットワークに入り込めないためです。疎水性分子同士は，きわめて弱いファンデルワールス力（あらゆる分子の間に働く普遍的な引力）で近づいており，これを疎水効果とよびます。

1-1-4. 溶解性

分子間に働く力は，物質同士の溶解性に深く関係します。酢酸ナトリウムは分子中に疎水性部分がありますが，水中で電離し水素結合を形成するため，水に溶解します（図1-2a）。ナトリウムカチオン[1]と酢酸アニオン[2]の間には静電的相互作用が働いています。エタノールは水にも油にも溶ける両親媒性物質ですが，これは**疎水性基**（エチル基）と**親水性基**（ヒドロキシ基）をもつためです（図1-2b）。分子全体が疎水性であるエタンは，水に溶けません（図1-2c）。

このように両物質に似た部分があれば，相互作用を通して溶け合うことが可能です。これを「**似たもの同士は溶ける**（like dissolves like）」といい，とても重要な性質です。分子全体に占める疎水性部分と親水性部分の割合が，溶解

---

[1] カチオン（cation）　正・＋電荷をもつ陽イオンのこと。
[2] アニオン（anion）　負・－電荷をもつ陰イオンのこと。

性に大きくかかわってきます。

1-2. 原子の構造

　ここで，化学物質の最小構成単位である原子の構造を学んでおきましょう。
　原子は正電荷をもつ原子核と負電荷1をもつ電子からなり，原子核は正電荷1をもつ陽子と電荷をもたない中性子でできています。陽子数と電子数は等しく，正負の電荷は釣り合っています。これらの数は元素によって異なり，図1-3のように表します。

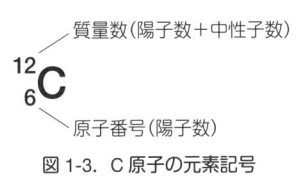

図1-3. C原子の元素記号

　原子には，ある決まった大きさのエネルギー値（準位）をもつ軌道が存在します。そして，電子は図1-4のように分類された軌道エネルギー準位の低い順に最大2個ずつ収容されています（□が軌道，逆向きの矢印が電子を表します）。すなわち，軌道は電子の入れ物であり，電子が各軌道に収容されている様子を電子配置とよびます。第1周期元素（H, He）には1s軌道が1つあり，電子は最大2個入ります。第2周期元素（Li～Ne）ではL殻とよばれる2s軌道と

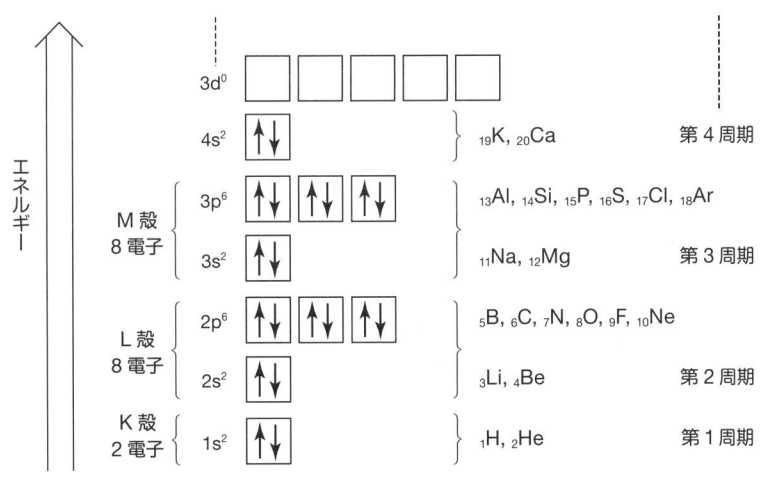

図1-4. 元素の電子数と軌道の種類（s, p, dの右肩の数字は電子数を表す）

2p軌道3つに収容される最大8個の電子が結合形成や反応にかかわってきます。第3周期では同じく3sと3p軌道（場合によっては3d軌道も）がかかわります。

軌道の形は，電子が存在する大まかな範囲を示しています。**s軌道**は球形，**p軌道**は互いに直交する3つの亜鈴形をしています。各周期の軌道の形は同じですが，大きさ（広がり）は，第1＜2＜3＜…と大きくなっていきます。軌道は，電子の入っている充填軌道も空軌道も同じ形で書きます。

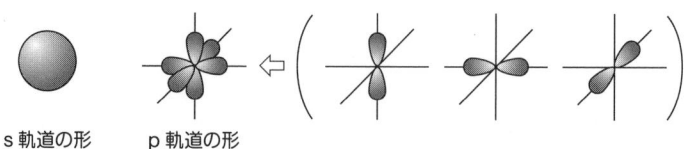

s軌道の形　　p軌道の形

図1-5. 軌道の形

これら複数の軌道は原子半径とよばれる原子の大きさの中に共存しています。各周期の軌道は同じ空間を占めていますが，お互いに異次元の世界にあり触れあうことはないと考えてください。そして最外殻の電子と軌道のみが結合形成など他の原子・分子とやりとりをします（内殻の軌道を意識する必要はありません）。

1-3. 原子と分子（1）水素

ここでは，原子同士が電子を仲立ちに結合して分子をつくるしくみを見ていきます。反応に関係するのは最外殻軌道（水素ではK殻・1s軌道，炭素，酸素，窒素，フッ素ではL殻・2sと2p軌道）の電子です。

1-3-1. H原子の三態

H原子の最外殻軌道は，最大2個の電子の入る球形の1s軌道です。電子数の異なる3通りの状態をとることができます。

A. H原子：原子核（陽子）1個と電子1個から成り立ち，電気的に釣り合って中性です（図1-6，物質を元素記号と電子・で表す式を点電子式とよびます。これからしばらくこの式を使います）。水素ラジカル[3]ともよびます。

B. プロトン[4]：H原子が電子e・$^{\ominus}$を失うと，原子核H$^{\oplus}$となります。この原子核をとくにプロトンとよびます（図1-7）。

C. ヒドリド[5]：H原子の1s軌道に2個電子が入るとH:$^{\ominus}$（ヒドリド）となり，

電荷は $1^{\ominus}$ となります。

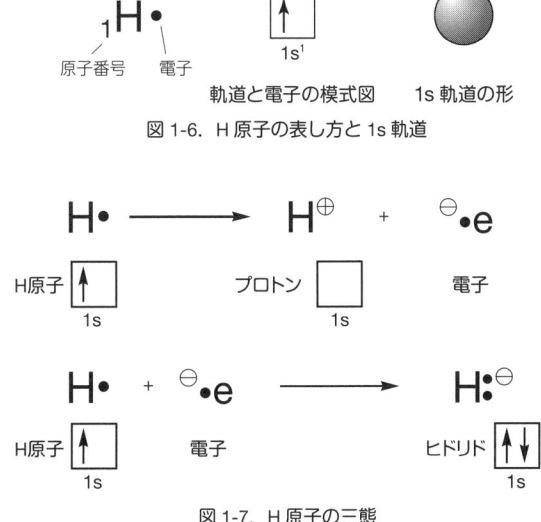

図 1-6. H 原子の表し方と 1s 軌道

図 1-7. H 原子の三態

1-3-2. H_2 分子

次に，H 原子同士が結合して H_2 分子が生成するしくみを見てみましょう（図 1-8）。H 原子のもつ電子 1 個を**価電子**や**不対電子**とよびます。2 つの H 原子は，それぞれの不対電子を合わせて 2 個で，**共有結合**を形成します。これらは H_2 分子に新しくできる分子軌道に入ります[6]。この電子 2 個を**結合電子（対）**とよびます。また，図 1-8 にあるような釣り針型（片鉤）矢印は，電子 1 個が相手原子の電子 1 個とペアになって共有結合を形成することを意味します（2-2

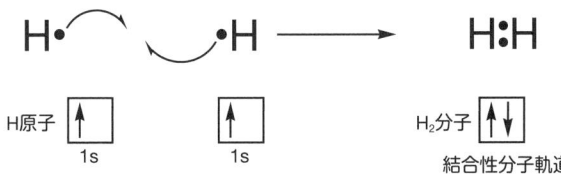

図 1-8. H 原子から H_2 分子の形成

---

[3] hydrogen radical

[4] proton

[5] hydride

[6] 共有結合ができるわけ　共有結合が形成されると，新しくできる結合性分子軌道に電子が入って安定化する。この軌道相互作用を扱う分子軌道論については本書を終えた後に勉強するとよい。

参照)。このとき，2個の結合電子は両方のH原子に所属する（周りを回っている）と考えます。そして両原子核（2H$^\oplus$）は電荷2$^\ominus$を折半するため，原子部分も分子全体も電気的に中性です。

1-3-3. H₂分子の開裂

では，このH₂分子の結合を形式的に開裂させてみましょう（図1-9）。

A. 均等（ホモ）開裂：共有結合が結合電子1個ずつを分け合って，H原子にもどります。これは図1-8の逆反応です。この動きはラジカル反応に見られます（2-9参照）。

B. 不均等（ヘテロ）開裂：片方の原子が結合電子対を奪って分かれる場合です。この両鈎矢印は電子2個の移動を表します。奪ったほうは電荷1$^\ominus$，奪われたほうは電荷1$^\oplus$になります。これは一般的なイオン性反応の動きです。

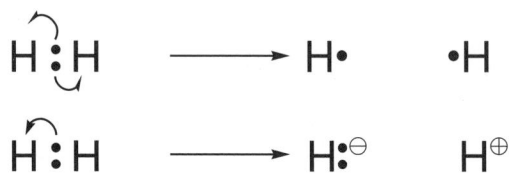

図1-9. H₂分子の開裂と電荷の様子

1-4. 原子と分子（2）炭素

1-4-1. C原子の軌道

それではC原子（原子番号6）を見てみましょう。電子配置は図1-10のようになります。p軌道は原子の両端に広がった形をしており，互いに直交する3種類が存在します。

炭素の手(価電子)は本来2個ですが，電子がペアになって結合が生成する際，2s軌道の電子1個が空の2p軌道に移って**sp³混成軌道**に変化します。この4つの手は等価であり，C原子から等しく軌道の広がった正四面体構造になっています。内殻にある1s軌道は関係しません。

1-4-2. メタン分子の構造とC－C結合

メタン（CH₄）を例に，分子の構造を考えてみましょう（図1-11）。C原子

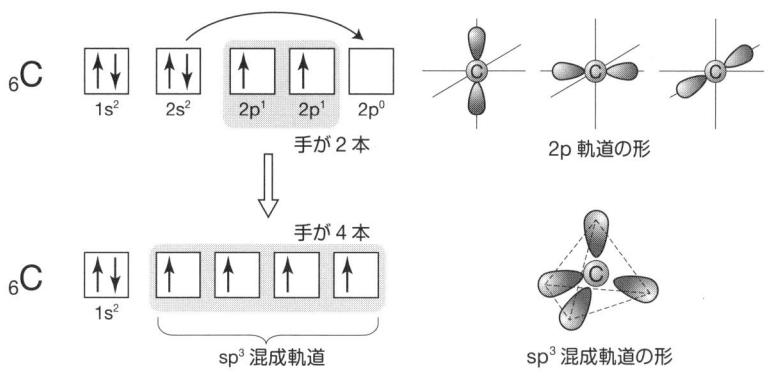

図 1-10. C 原子の軌道

と H 原子が 1 電子ずつ出し合って C–H 共有結合を 4 本つくり，電気的に中性です。中段には各軌道に H 原子の電子が入った様子を示しました。また，メタンの形は正四面体です。C–H 結合が 3 本できた状態（·CH_3）をメチルラジカルとよび，メチルラジカル同士が反応すれば C 原子間に単結合（C–C）が形成されてエタン（H_3C–CH_3）となります。これらの分子を構築している，結合電子が両原子の間にある強い結合を **σ（シグマ）結合** とよびます。

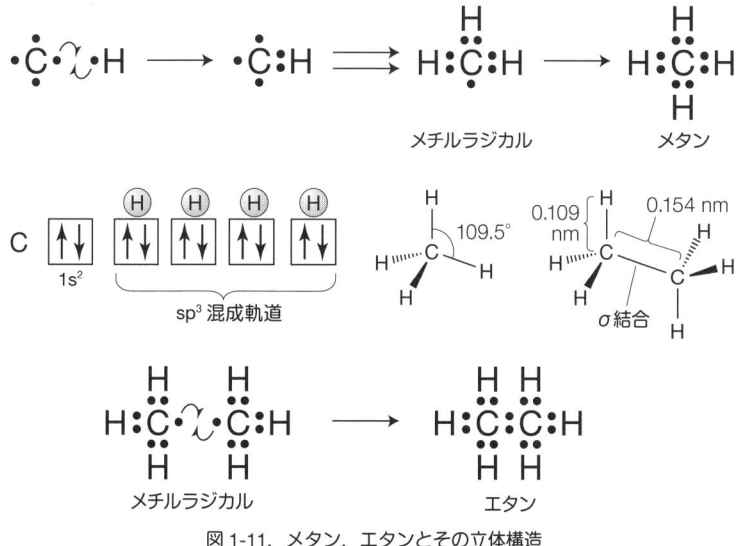

図 1-11. メタン，エタンとその立体構造

1-4-3. C–H 結合の開裂形式と電荷

H₂ 分子と同様にメタンを形式的に開裂させてみます。

A. 均等開裂させると，メチルラジカルとH原子（水素ラジカル）に分かれます（図1-12）。メチルラジカルの3本のC–H結合は，不対電子の影響でわずかに平面よりずれています。ただし不対電子は図のように自由に反転していて，その向きはいずれとも決められません（2-6参照）。

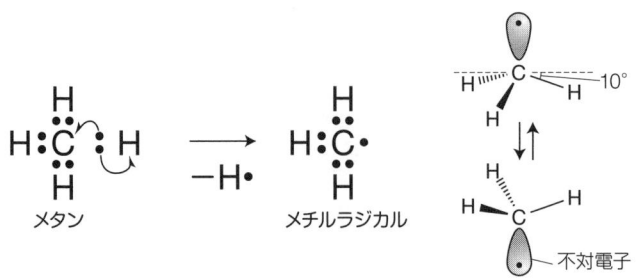

図 1-12. C–H 結合の均等開裂

B. 不均等開裂は2通り可能です（図1-13）。メタンからプロトンがとれた形はメチルアニオン（$H_3C:^{\ominus}$）です。p軌道の電子対（ローンペア[7]）には，結合電子との反発から方向性があり，四面体構造を保っています。sp³ 混成軌道です。

C. 一方，メタンからヒドリドがとれた形は，メチルカチオン（$H_3C^{\oplus}$）です[8]。これは，次頁（1-4-4）で説明する **sp² 混成軌道** になります。p軌道は，3つのC–H結合がつくる平面と直交する空軌道となります。

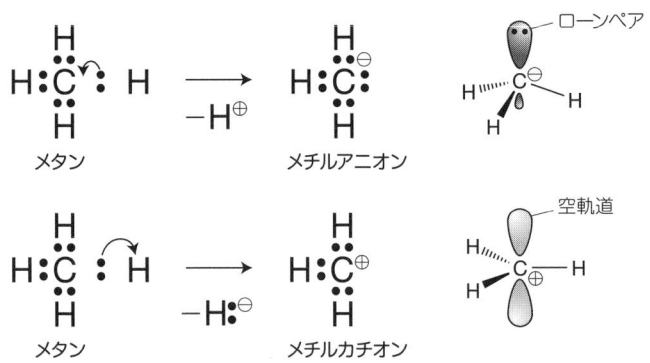

図 1-13. メチルアニオンとメチルカチオン

---

[7] ローンペア（lone pare，非共有電子対） 共有結合を形成していない電子対のこと。
[8] 一般に，炭素アニオンをカルボアニオン，炭素カチオンをカルボカチオンとよぶ。

> **頻出例題1-1** メチルラジカルと Cl 原子からクロロメタンが生成し，さらにメチルカチオンと塩素アニオンに開裂する様子を点電子式で書け．
>
> **解答** はじめの結合形成は釣り針型矢印で書きます．最外殻電子は7個ずつでしたが，結合電子が共有されるので，いずれも8個（オクテット[9]）で安定化します．次の開裂で生成するメチルカチオンは6電子であるうえ，正電荷を帯びるためにかなり不安定です．塩素イオンも負になりますが，安定なオクテットを保っています．

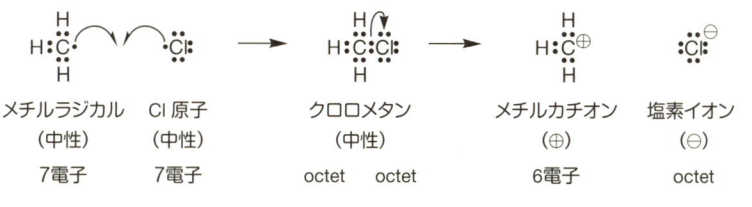

1-4-4. C＝C 結合・C≡C 結合とベンゼン環

sp^2 混成軌道では，3つの強い σ 結合のほかに，1つの p 軌道が図 1-14 のエチレンのように（結合電子が両原子の間にない）弱い結合を形成します．これを **π（パイ）結合**とよびます．π 結合の結合電子2個は sp^2 平面の上下に等しく存在するものと考えてください．二重結合は σ 結合と π 結合からなっています．

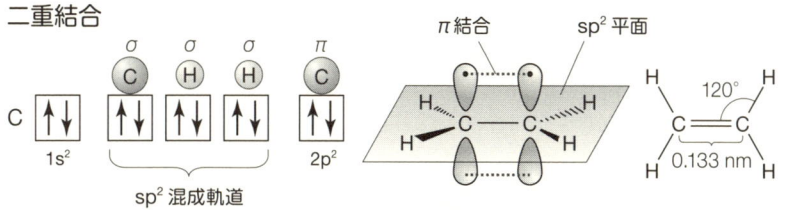

図 1-14. sp^2 混成軌道と C＝C 結合（エチレン）

同じように σ 結合2つが **sp 混成軌道**となり，p 軌道2組が弱い2本の π 結合を形成する場合が三重結合です（図1-15）．2つの π 結合は直行しており，分子は直線構造です．C–C，C＝C，C≡C の順に短くなります．

---

[9] オクテット則（octet rule） 原子が分子やアニオン・カチオンを形成する場合，最外殻電子数が8（水素は2）で飽和している状態が安定であること．

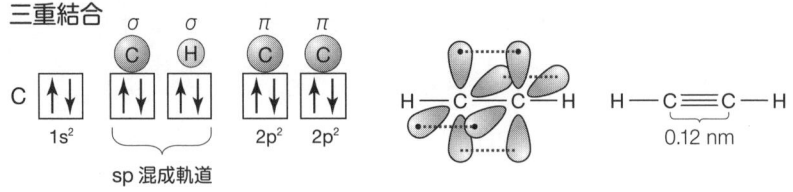

図 1-15. sp 混成軌道と C≡C 結合（アセチレン）

> **頻出例題1-2** アレン（H₂C=C=CH₂）の立体構造を図 1-14 にならって書け。
>
> **解法のポイント** 中心の C 原子は sp 混成, 両側の C 原子は sp² 混成軌道です。
>
> **解答** 2 つの sp² 平面が直行した構造です。

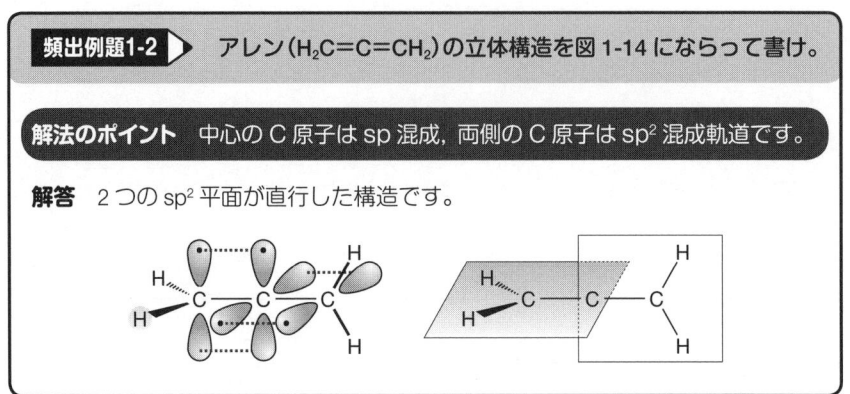

　ベンゼン環も有機化合物の重要な構造の 1 つです。ベンゼンでは，炭素 6 個の p 軌道電子が環状の π 結合を形成しています。すべての CC 結合の長さは等しく（0.14 nm），C–C（0.154 nm）と C=C（0.133 nm）の中間の値です。このような化合物を **芳香族** とよびます（2-6 参照）。電子雲を○で示した構造式 **A** や，共鳴構造式 **B** で書きます。**B** は正確な構造を反映していませんが，反応機構の説明には便利です。共鳴は 1-10 で説明します。

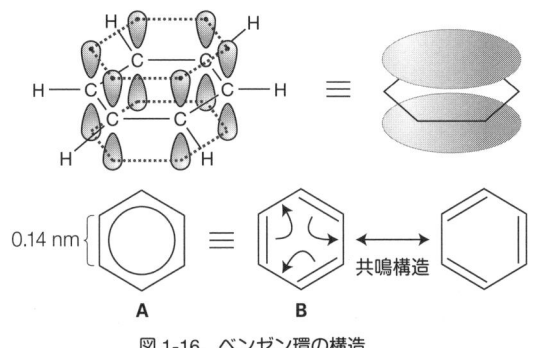

図 1-16. ベンゼン環の構造

第 1 章　有機化学の基本

1-5. 原子と分子 (3)窒素

窒素は炭素のように sp³ 混成軌道を形成しますが，陽子，電子が 1 つずつ多いため，最外殻の軌道には価電子が 3 個とローンペアが 1 組となります。最も簡単な分子であるアンモニア（NH_3）を以下に示します。これはメチルアニオンと同じ形（電子配置）ですが，電気的に中性な分子です。アンモニアのローンペアがプロトンを攻撃してアンモニウムカチオン（$NH_4^{\oplus}$）となれば，メタンと同じ正四面体構造をとります。

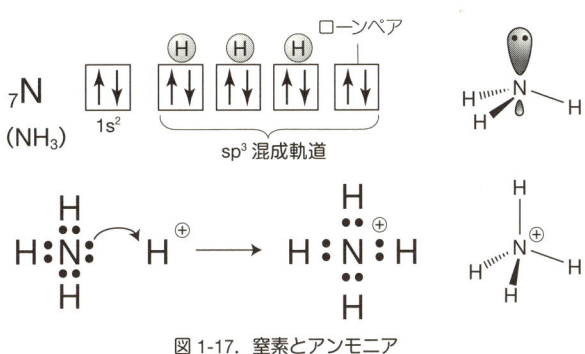

図 1-17. 窒素とアンモニア

1-6. 原子と分子 (4)酸素

酸素には最外殻に価電子 2 個とローンペア 2 組が存在します。水（H_2O）は**プロトン化**[10]すると**オキソニウムカチオン**[11]（$H_3O^{\oplus}$），プロトンを奪われると**ヒドロキシドアニオン**[12]（水酸化物イオン，$HO^{\ominus}$）になります。

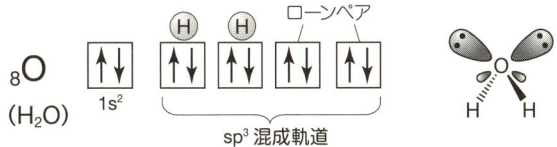

---

[10] プロトン化　分子のローンペアが $H^{\oplus}$ を攻撃して共有結合を形成，正電荷を受け取ること。
[11] oxonium cation　オキソニウムイオンともよぶ。
[12] hydroxide anion

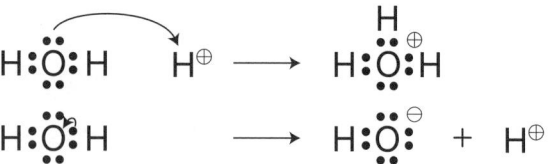

図 1-18. 酸素と水

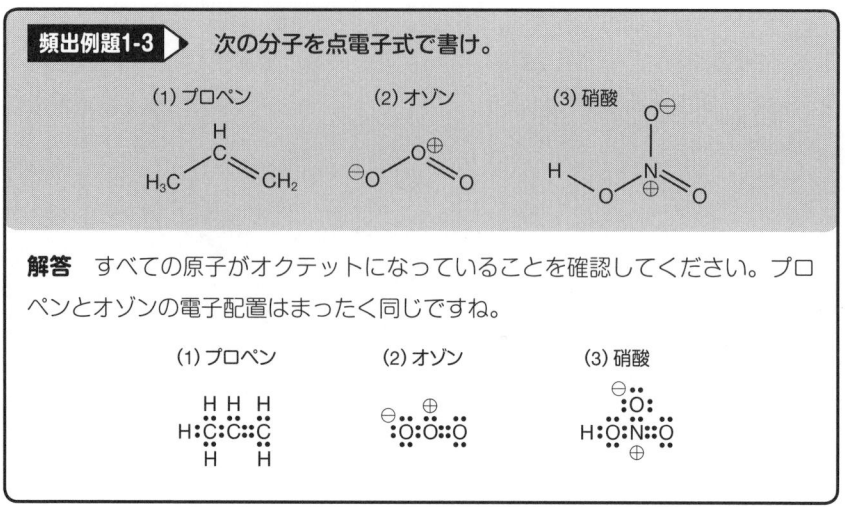

1-7. 原子と分子 (5)ハロゲン

ハロゲン類（フッ素，塩素，臭素，ヨウ素）は有機化合物の重要な構成元素です。フッ化水素と塩化水素の例を示します。いずれも sp^3 混成軌道をとっていますが，二原子分子なので直線構造をしています。塩素は元素の周期が異なり，最外殻の軌道は 3s, 3p, 3d 軌道です。空の 3d 軌道とさまざまな混成軌道をつくることにより，3, 5, 7 の価数（結合本数）をとることもできます。

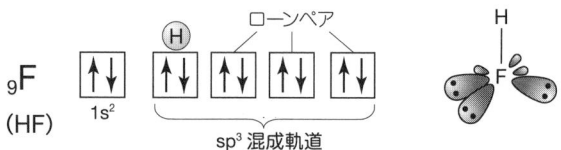

12　第1章　有機化学の基本

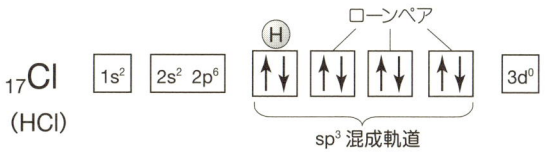

図 1-19. フッ化水素と塩化水素

> **頻出例題1-4** アミドアニオン（$^{\ominus}$:NH$_2$），オキソニウムカチオン（H$_3$O$^{\oplus}$）と水酸化物イオン（$^{\ominus}$:OH）の立体構造を書け。
>
> **解答** 図のように，それぞれ周期表上で隣り合う原子の水素化物と同様の構造です。
>
>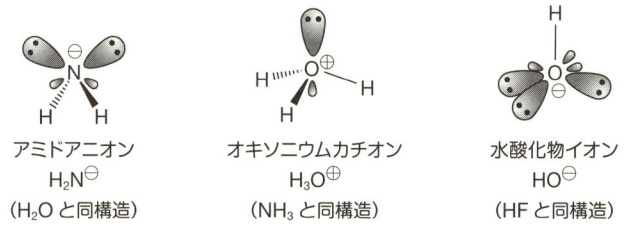

1-8. 電気陰性度

　元素の性質で重要なものの1つが**電気陰性度**（En[13]）です（表 1-1）。これは，その原子の原子核がどれくらい電子を強く引きつけるかの目安です。電気陰性度は周期表の右上ほど大きく，フッ素が最大です。周期が小さいほど原子の大きさが小さくなり，体積あたりの電荷が大きくなるためと説明されています。また，表より，イオン化傾向の大きい（電子を離しやすい！）金属原子ではきわめて小さいことがわかります。

　異なる元素同士が共有結合すると，結合電子対は電気陰性度の大きいほうに引き寄せられます。この引き寄せる度合いによって電荷が偏ることを**分極**とよびます。よく現れる元素の結合と分極の度合いを図 1-20 に示しました。

　このようにほとんどのヘテロ原子（炭素，水素以外の原子のこと）の電気陰

---

[13] electronegativity

表1-1. 主な元素の電気陰性度（Pauling）

周期/族	1	2	13	14	15	16	17
1	H 2.1						
2	Li 1.0		B 2.0	C 2.5	N 3.0	O 3.5	F 4.0
3	Na 0.9	Mg 1.2	Al 1.5	Si 1.8	P 2.1	S 2.5	Cl 3.0
4	K 0.8	Ca 1.0					Br 2.8
5							I 2.5

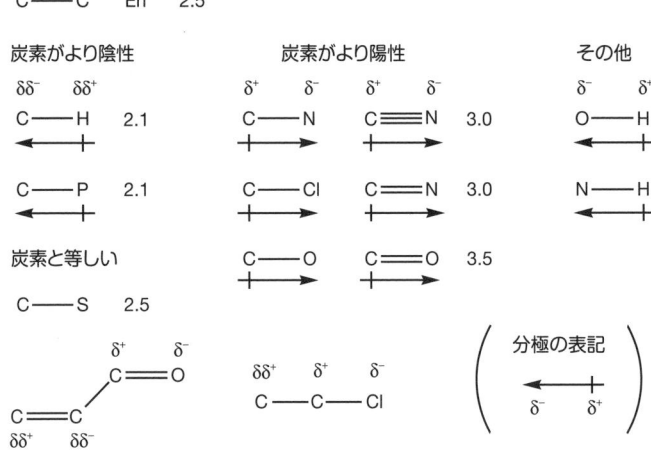

図1-20. 主な結合の分極

性度は炭素より大きいため，結合電子対（負電荷）はヘテロ原子側に偏って存在しています。図中の＋側から－側への矢印が分極を表しています。また，わずかに＋，－に帯電している原子に，強い順に，$\delta^+ > \delta\delta^+ > \cdots$ や $\delta^- > \delta\delta^-$ …の記号を付けることもあります。分極の影響は，離れた結合に及ぶことがあります（1-10参照）。

結合の分極を指標にして，分子の性質を予見することが可能です。イオン性の化学反応は，電荷の偏りが大きい（不均等開裂しやすい）結合で起こりやすいためです。酢酸とクロロホルムの電荷の偏りを図1-21に示しました。

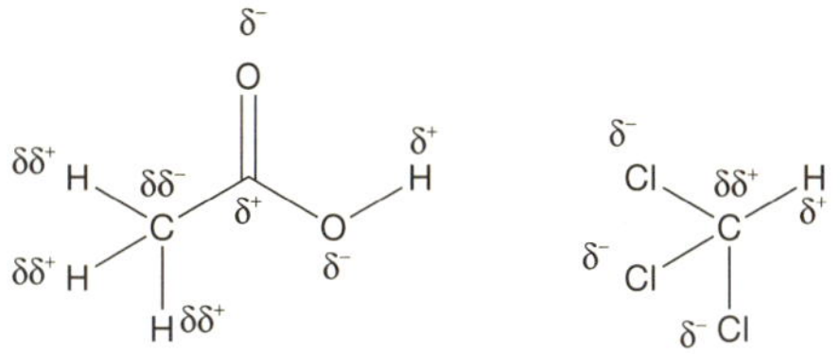

酢酸　　　　　　　クロロホルム

図1-21. 酢酸とクロロホルムの電荷の偏り

頻出例題1-5 次の仮想化合物において，少しだけ負に帯電している（δ⁻）原子を丸で囲みなさい。

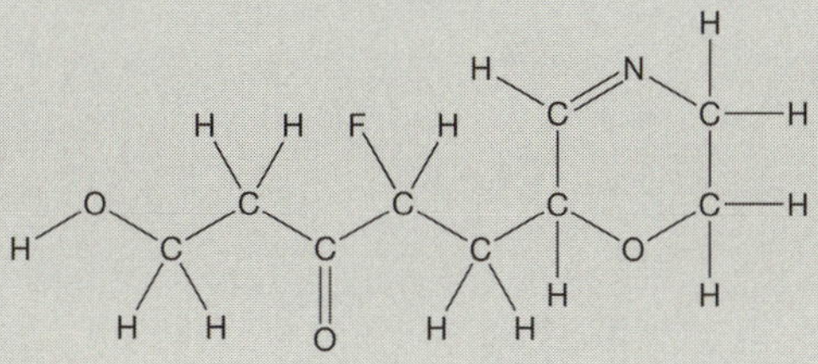

解答 すべてのヘテロ原子（N, O, F）が少しだけ負に帯電しています。

1-9. 酸と塩基

　化学反応も生化学反応も，酸や塩基の働き（触媒作用）で起こることが多いです。酸と塩基には2つの定義がよく用いられますが，はじめにBrønsted-Lowry（ブレンステッド・ローリー）について説明します。

1-9-1. Brønsted-Lowry の酸・塩基

「酸はプロトン（H⊕）供与体，塩基はプロトン受容体である」

　BrønstedとLowryはこのように酸・塩基を定義しました。酸・塩基の性質（強弱）は pK_a という値を目安に知ることができます。このことを塩酸（pK_a −7.0）を例に考えましょう。塩化水素ガス（HCl）は，水に溶解すると，H⊕ が H₂O に与えられてオキソニウムカチオンとなります。すなわち HCl は酸，

H_2O は塩基です。これは平衡反応で，逆反応は $H_3O^{\oplus}$（これを H_2O の**共役酸**とよびます）が $Cl^{\ominus}$（同じく HCl の**共役塩基**）に $H^{\oplus}$ を与える反応です。以下，pK_a について説明します。

$$HCl + H_2O \rightleftarrows Cl^{\ominus} + H_3O^{\oplus} \qquad (1)$$
$$\text{酸} \qquad \text{塩基} \qquad \text{共役塩基} \qquad \text{共役酸}$$

各物質の濃度を [HCl], [H_2O], [$Cl^{\ominus}$], [$H_3O^{\oplus}$] とおくと，式（1）の平衡定数（酸解離定数）K_a' は式（2）で表すことができます。

$$K_a' = \frac{[Cl^{\ominus}][H_3O^{\oplus}]}{[HCl][H_2O]} \qquad (2)$$

H_2O は溶媒として大量に存在するので [H_2O] はほぼ一定と考え，K_a を式（3）で表すと，この値（実測値）は $10^{7.0}$ です。

$$K_a = K_a'[H_2O] = \frac{[Cl^{\ominus}][H_3O^{\oplus}]}{[HCl]} = 10^{7.0} \qquad (3)$$

ここで $pK_a = -\log_{10} K_a$ と定義すると

$$pK_a = -7.0$$

となります。pK_a -7.0 とはすなわち，式（1）の平衡が $1:10^{7.0}$ で右に偏っていることを示します。pK_a が小さいほど強い酸（$H^{\oplus}$ を与えやすい）です。pK_a は水中での値ですが，水中以外での平衡の目安になります。

1-9-2. 塩基性の尺度も pK_a ?

塩基性の強さも酸と同じ pK_a で表してみましょう。式（1）の見方をかえて，$Cl^{\ominus}$ を塩基，HCl をその共役酸と考えます（式（4））。すると $Cl^{\ominus}$ はきわめて弱い塩基であることがわかります。つまり塩基は，**その共役酸（プロトン（$H^{\oplus}$）化されたもの）の酸性度が大きい（pK_a が小さい）ほど弱い塩基となります。**

式（5）では，アミン RNH_2（R ＝ アルキル基）の共役酸である $RNH_3^{\oplus}$ の pK_a 10 は大きい値ですから，平衡は左に偏っています。このように塩基性の強さを，共役酸を指標に同じ尺度で見積もることができます。この場合の共役酸の酸性度を借用して **pK_{aH}** と書いて区別します（塩基 RNH_2 の pK_{aH} 10 と書きます）。この値が大きいほど強塩基性となります。

$$\text{HCl} + \text{H}_2\text{O} \rightleftharpoons \text{Cl}:^{\ominus} + \text{H}_3\text{O}^{\oplus} \quad pK_a\ -7.0 \quad (4)$$
共役酸　　　　　　　　塩基
　　　　　　　　　　　　　　Cl:$^{\ominus}$ は弱塩基（共役酸が強酸）

$$\text{RNH}_3^{\oplus} + \text{H}_2\text{O}: \rightleftharpoons \text{R}\ddot{\text{N}}\text{H}_2 + \text{H}_3\text{O}^{\oplus} \quad pK_a\ 10 \quad (5)$$
共役酸　　　　　　　　　塩基
　　　　　　　　　　　　　　R$\ddot{\text{N}}$H$_2$ は強塩基（共役酸が弱酸）

図 1-22. 塩基性度の表し方

1-9-3. 酸性・塩基性－両方の性質

1-6 で見たように，水（H_2O）は**酸にも塩基にもなることができます**。ここではメタノール（CH_3OH）を見てみましょう。

A. メタノールが酸として働く場合（相手がより強い塩基の場合）

アンモニア（NH_3）は pK_a 36 と大きいため，共役塩基のアミドイオン（$^{\ominus}NH_2$）はきわめて強い塩基性を示しますが，メタノールとの間にどのような平衡が存在するか考えてみましょう（式 (6)）。まず，メタノールの平衡式 (7) は，水とメタノールからメトキシドイオンとオキソニウムカチオンが生じる割合が $10^{15}:1$ であることを意味します。同様にアンモニアの式 (8) を書いて H_2O と $H_3O^{\oplus}$ を消去すれば，式 (6′) が導けます。計算上 $\Delta pK_a\ -21$ となり[14]，平衡は右へ $1:10^{21}$ で偏ることがわかります。この値は目安ですが，平衡の状態を知るためには十分です。

このように，**ある分子を脱プロトン化するためにはどのくらい強い塩基を用いればよいか，ということを pK_a 値から予測できます。**

$$\text{CH}_3-\text{O}-\text{H} + ^{\oplus}\text{Na}:\text{NH}_2 \rightleftharpoons \text{CH}_3-\text{O}:^{\ominus}\text{Na}^{\oplus} + \text{NH}_3 \quad (6)$$
　　　酸　　　　　　　　塩基（？）　　　　　共役塩基　　　共役酸
pK_a 15　　　　　　　　　　　　　　　　　　　　　　　　pK_a 36

$$\text{CH}_3\text{OH} + \text{H}_2\text{O} \underset{(10^{15}:1)}{\rightleftharpoons} \text{CH}_3\text{O}:^{\ominus} + \text{H}_3\text{O}^{\oplus} \quad pK_a\ 15 \quad (7)$$

$$\text{NH}_3 + \text{H}_2\text{O} \underset{(10^{36}:1)}{\rightleftharpoons} {}^{\ominus}:\text{NH}_2 + \text{H}_3\text{O}^{\oplus} \quad pK_a\ 36 \quad (8)$$

$$-)\overline{}$$

$$\text{CH}_3\text{OH} + {}^{\ominus}:\text{NH}_2 \underset{(1:10^{21})}{\rightleftharpoons} \text{CH}_3\text{O}:^{\ominus} + \text{NH}_3 \quad \Delta pK_a\ -21 \quad (6′)$$

図 1-23. メタノールが酸になる場合

---

[14] Δ（デルタ）　差を意味する。計算上の pK_a を ΔpK_a と表記する。

頻出例題1-6 次の式は，メタノールと酢酸ナトリウムを混ぜた場合の平衡式である。おおよその平衡を見積もれ。

$$CH_3-O-H + {}^{+}Na\ {}^{-}:\!O-\overset{O}{\underset{\|}{C}}-CH_3 \rightleftarrows CH_3-O:{}^{-}Na^{+} + H-O-\overset{O}{\underset{\|}{C}}-CH_3 \quad (9)$$

酸　　　　　塩基　　　　（?）　　　共役塩基　　　　共役酸
pK_a 15　　　　　　　　　　　　　　　　　　　　pK_a 4.8

解答 式（7）から式（a）を引き算すると式（9）が導き出されます。平衡は大きく左に偏ることがわかりますね。

$$CH_3OH + H_2O \underset{(10^{15}:1)}{\overset{\rightarrow}{\rightleftarrows}} CH_3O:{}^{-} + H_3O^{+} \quad pK_a\ 15 \quad (7)$$

$$-)\ H-O-\overset{O}{\underset{\|}{C}}-CH_3 + H_2O \underset{(10^{4.8}:1)}{\overset{\rightarrow}{\rightleftarrows}} {}^{-}:\!O-\overset{O}{\underset{\|}{C}}-CH_3 + H_3O^{+} \quad pK_a\ 4.8 \quad (a)$$

$$CH_3OH + {}^{-}:\!O-\overset{O}{\underset{\|}{C}}-CH_3 \underset{(10^{10.2}:1)}{\overset{\rightarrow}{\rightleftarrows}} CH_3O:{}^{-} + H-O-\overset{O}{\underset{\|}{C}}-CH_3 \quad \Delta pK_a\ 10.2 \quad (9)$$

頻出例題1-7 次の物質を混ぜた場合の変化について考えよ（pK_a値は表1-2を参照）。

(1) NaOH + HOOH　　　　(2) CH_3CH_2OH + $Na^{+}\ {}^{-}:\!C\equiv CH$

(3) $Na^{+}\ {}^{-}:\!O-\!\!\bigcirc$ + CH_3CH_2OH　(4) $CH_3CH_2CH_2^{-}$ + $H-\underset{\underset{H}{|}}{N}-CH_2CH_3$

解答 (1) 過酸化水素（pK_a 11.6）は水（pK_a 15.7）より強酸であり，15.7 − 11.6 ≒ 4 より次式のようになります。弱酸の塩と強酸から，弱酸と強酸の塩が生じています。

$$NaOH + HOOH \underset{(1:10^4)}{\overset{\rightarrow}{\rightleftarrows}} HOH + NaOOH$$

(2) エタノール（pK_a 16）はアセチレン（pK_a 25）より強酸なので，

$$CH_3CH_2OH + Na-C\equiv C-H \underset{(1:10^9)}{\overset{\rightarrow}{\longrightarrow}} CH_3CH_2O:{}^{-}Na^{+} + H-C\equiv C-H$$

(3) 強酸（フェノール，pK_a 10）の塩と弱酸（エタノール）を混ぜてもほとんど変化はありません。

(4) アルキルアニオンは最強の塩基（アルカンは pK_a 50）なので，アミン（pK_a 35）のNHプロトンを引き抜くことができます。完全に不可逆といってよいです。

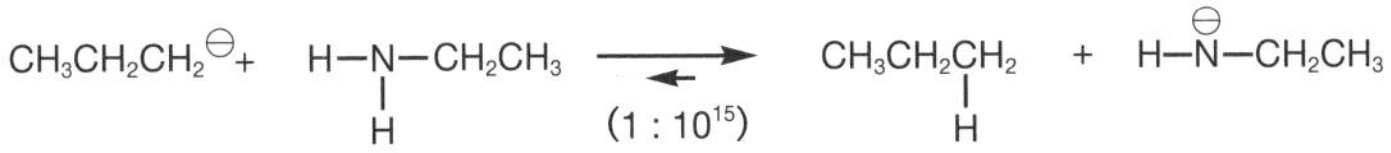

$$CH_3CH_2CH_2^{\ominus} + \underset{H}{H-N-CH_2CH_3} \xrightleftharpoons[(1:10^{15})]{} CH_3CH_2CH_2 + \underset{H}{H-\overset{\ominus}{N}-CH_2CH_3}$$

B. メタノールが塩基として働く場合

メタノールはローンペアでプロトンを受け取ることもできます。臭化水素との関係を見積もりましょう（式（10））。

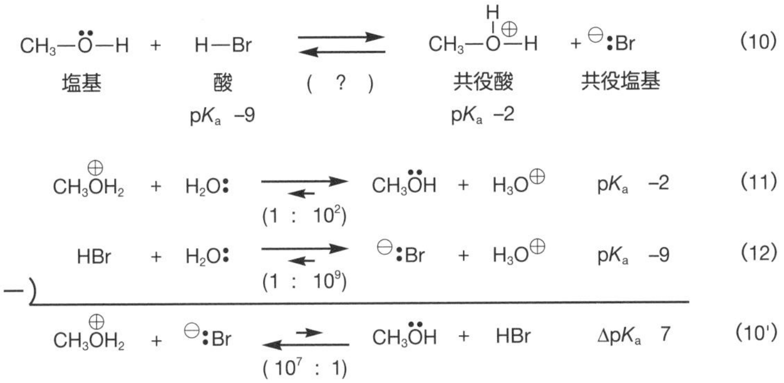

$$\underset{\text{塩基}}{CH_3-\ddot{O}-H} + \underset{\substack{\text{酸}\\pK_a\ -9}}{H-Br} \xrightleftharpoons[(?)]{} \underset{\substack{\text{共役酸}\\pK_a\ -2}}{CH_3-\overset{H}{\overset{|}{\overset{\oplus}{O}}}-H} + \underset{\text{共役塩基}}{^{\ominus}{:}Br} \quad (10)$$

$$\overset{\oplus}{CH_3OH_2} + H_2O{:} \xrightleftharpoons[(1:10^2)]{} CH_3\ddot{O}H + H_3O^{\oplus} \quad pK_a\ -2 \quad (11)$$

$$HBr + H_2O{:} \xrightleftharpoons[(1:10^9)]{} {^{\ominus}{:}}Br + H_3O^{\oplus} \quad pK_a\ -9 \quad (12)$$

$$-)\overline{}$$

$$\overset{\oplus}{CH_3OH_2} + {^{\ominus}{:}}Br \xrightleftharpoons[(10^7:1)]{} CH_3\ddot{O}H + HBr \quad \Delta pK_a\ 7 \quad (10')$$

図 1-24. メタノールが塩基として働く場合

式（11）から式（12）を引き算してH_2Oを消去すれば，HBr（気体）をメタノールに溶かした場合の式（10'）を導けます。臭化水素のほとんどが電離して，メタノールをプロトン化することがわかります。

頻出例題1-8 ▶ 次の式の平衡関係を見積もれ。

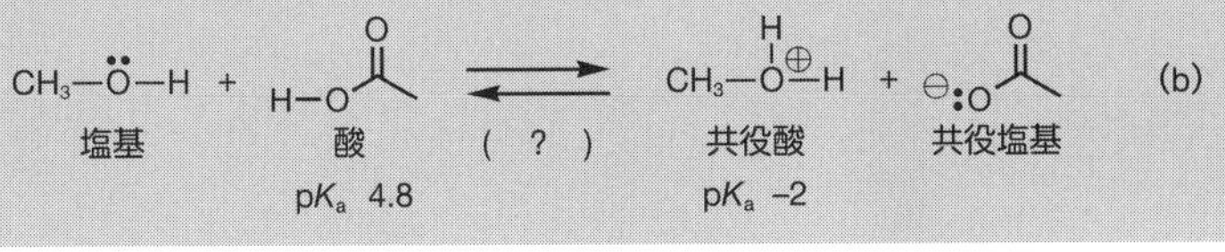

$$\underset{\text{塩基}}{CH_3-\ddot{O}-H} + \underset{\substack{\text{酸}\\pK_a\ 4.8}}{H-O-\overset{\overset{O}{\|}}{C}-} \xrightleftharpoons[(?)]{} \underset{\substack{\text{共役酸}\\pK_a\ -2}}{CH_3-\overset{H}{\overset{|}{\overset{\oplus}{O}}}-H} + \underset{\text{共役塩基}}{^{\ominus}{:}O-\overset{\overset{O}{\|}}{C}-} \quad (b)$$

解答 引き算から導かれた式（b'）から，酢酸がメタノールをプロトン化する割合はきわめて小さいことがわかります。

表 1-2. 酸性度の尺度（pK_a）

酸	pK_a	共役塩基	酸	pK_a	共役塩基
$CH_3CH_2CH_2CH_3$	50	$CH_3CH_2CH_2CH_2^{\ominus}$	H_2CO_3	6.4	$HCO_3^{\ominus}$
ベンゼン	43	フェニルアニオン	ピリジニウム (N-H)	5.2	ピリジン
NH_3	36	$NH_2^{\ominus}$	CH_3CO_2H	4.8	$CH_3COO^{\ominus}$
H_2	35	$H^{\ominus}$	$PhNH_3^{\oplus}$	4.6	$PhNH_2$
$CH{\equiv}CH$	25	$CH{\equiv}C^{\ominus}$	$PhCOOH$	4.2	$PhCOO^{\ominus}$
アセトン	20	アセトンエノラート	HF	3.2	$F^{\ominus}$
CH_3CONH_2	17	$CH_3CONH^{\ominus}$	H_3PO_4	2.2	$H_2PO_4^{\ominus}$
EtOH	16	$EtO^{\ominus}$	Cl_3CCO_2H	0.7	$Cl_3CCOO^{\ominus}$
H_2O	15.7	$HO^{\ominus}$	$CH_3C(OH^{\oplus}){=}NR_2$	−0.5	CH_3CONR_2
MeOH	15	$MeO^{\ominus}$	$H_3O^{\oplus}$	−1.7	H_2O
$CH_2(CO_2Et)_2$	13.5	$^{\ominus}CH(CO_2Et)_2$	$EtOH_2^{\oplus}$	−2.4	EtOH
H_2O_2	11.6	$HOO^{\ominus}$	$Me_2OH^{\oplus}$	−3.8	Me_2O
アセト酢酸エチル	11	そのエノラート	H_2SO_4	−5.2	$HSO_4^{\ominus}$
EtSH	10.6	$EtS^{\ominus}$	アセトン-$OH^{\oplus}$	−7	アセトン
$HCO_3^{\ominus}$	10.2	$CO_3^{2\ominus}$	HCl	−7	$Cl^{\ominus}$
$RNH_3^{\oplus}$ ($R_2NH_2^{\oplus}$, $R_3NH^{\oplus}$)	～10	RNH_2	HBr	−9	$Br^{\ominus}$
PhOH	10	$PhO^{\ominus}$	HI	−10	$I^{\ominus}$
アセチルアセトン	8.8	そのエノラート	$HF \cdot SbF_5$	−25	$SbF_6^{\ominus}$

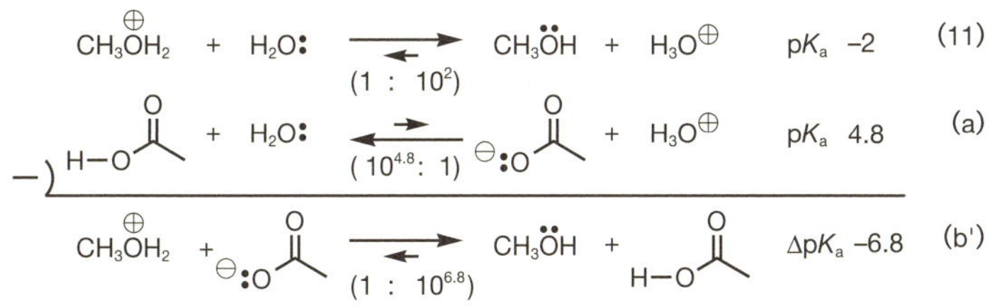

$$CH_3\overset{\oplus}{O}H_2 + H_2\ddot{O}: \underset{(1:10^2)}{\rightleftarrows} CH_3\ddot{O}H + H_3O^{\oplus} \qquad pK_a\ -2 \quad (11)$$

$$H-O\overset{O}{\diagup}\!\!\!\diagdown + H_2\ddot{O}: \underset{(10^{4.8}:1)}{\rightleftarrows} {}^{\ominus}:O\overset{O}{\diagup}\!\!\!\diagdown + H_3O^{\oplus} \qquad pK_a\ 4.8 \quad (a)$$

$$CH_3\overset{\oplus}{O}H_2 + {}^{\ominus}:O\overset{O}{\diagup}\!\!\!\diagdown \underset{(1:10^{6.8})}{\rightleftarrows} CH_3\ddot{O}H + H-O\overset{O}{\diagup}\!\!\!\diagdown \qquad \Delta pK_a\ -6.8 \quad (b')$$

1-9-4. Lewis（ルイス）の酸・塩基

「酸は電子対を受け取るもの，塩基は電子対を与えるもの」

　BrønstedとLowryはプロトンの受け渡しを酸・塩基の定義に用いましたが，プロトンが関与しない場合やプロトン自体を定義できないという欠点がありました。Lewisはもっと広義に「酸は（ローンペア等の）電子対を（空軌道に）受け取るもの，塩基は電子対を与えるもの」と定義しました。図1-25にあるように，メチルアニオンにはローンペアがあり，Lewis塩基として働きます。メチルカチオンの空のp軌道が電子対を受け取ります。そして電子の受け渡しにより結合が形成されればエタンとなります。

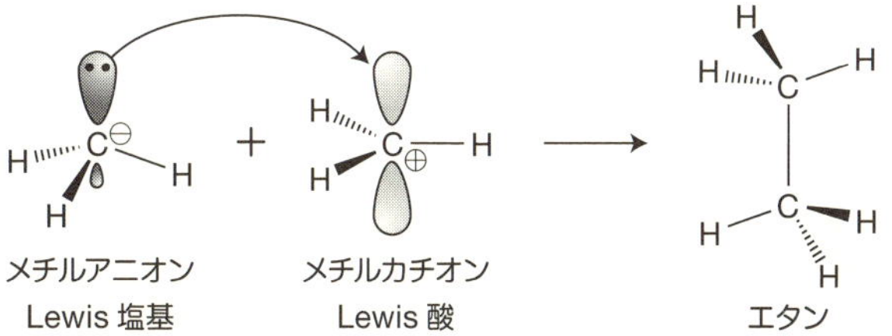

図1-25. Lewis塩基（メチルアニオン）とLewis酸（メチルカチオン）

頻出例題1-9 アンモニア（NH_3）とボラン（BH_3）はそれぞれメチルアニオン，メチルカチオンと同じ電子配置になっている。両者が反応した場合の生成物の構造と電荷について考えよ。

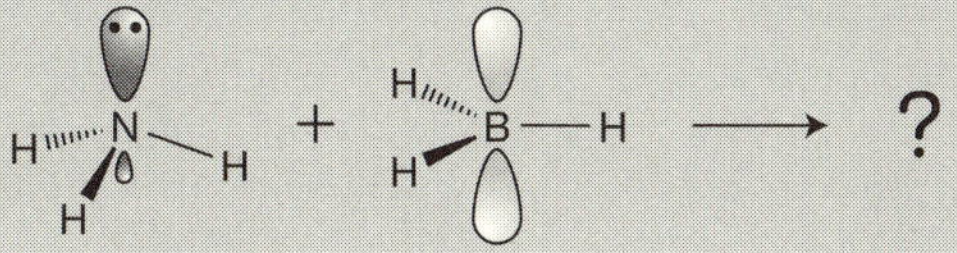

解答 アンモニアのローンペアがボランの空のp軌道に入って、新しい結合軌道を形成します。このときN原子に正電荷、B原子に負電荷が生じる点は不利ですが、B原子がオクテット則を満たすようになり、全体では安定化します。全体の電子数は14なので、N、B原子とも7電子分の電荷を受けもつことになります。つまりN原子の電荷1つ分をB原子が担うことになるので負電荷1つ不足で1⊕に、Bは負電荷1つ増えて1⊖となります。

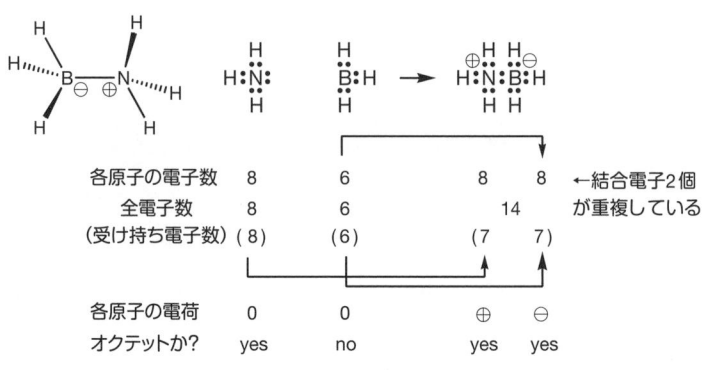

ここで、原子番号5のホウ素から9のフッ素まで、水素化物を並べて比較しましょう。

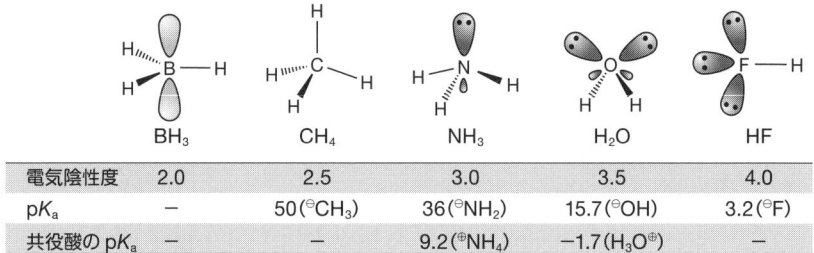

	BH₃	CH₄	NH₃	H₂O	HF
電気陰性度	2.0	2.5	3.0	3.5	4.0
pK_a	—	50(⊖CH₃)	36(⊖NH₂)	15.7(⊖OH)	3.2(⊖F)
共役酸のpK_a	—	—	9.2(⊕NH₄)	−1.7(H₃O⊕)	—

図1-26. 各元素の水素化物の比較

この中でボラン（BH₃）は唯一のLewis酸です。メタンはローンペアも空軌道ももたないため不活性です。アンモニアのローンペアはLewis塩基性が強く、一般的な塩基として用いられます。水にはローンペアが2組ありますが、酸素の電気陰性度が大きいため原子核に強く引きつけられており（他の原子に与えにくくなるので）、塩基性度は小さくなります。フッ素の電気陰性度は全元素中で最も大きく、フッ化水素はほとんどLewis塩基性を示しません。逆に表

の右へ行くほど，プロトンを放出する性質（Brønsted 酸性）は強くなっています。メタンを脱プロトン化するのはほとんど不可能です（平衡は $1:10^{50}$）。

頻出例題1-10 以下の化合物の Lewis 酸性，塩基性について説明せよ。

(a) ベンゼン (b) CH_3NH_2 (c) BF_3 (d) $(CH_3)_4N^+$

(e) $^{\ominus}$:OH (f) テトラヒドロフラン (g) $CH_3CH_2CH_2Cl$ (h) $CH_3-\overset{\oplus}{C}H_2$ 相当のカチオン

解答 Lewis 塩基：(b), (e), (f) N や O 原子のローンペアが塩基として働きます。
Lewis 酸：(c), (h) いずれも sp^2 混成軌道をとり，空の p 軌道が Lewis 酸としての性質を示します。
その他：(a) ベンゼン環は一般には Lewis 酸でも塩基でもありません。まれに，π 電子雲がきわめて弱い Lewis 塩基として働くことがあります。
(d) 正電荷を帯びていますが，N 原子のすべての軌道は結合電子で埋まっており，他の分子のローンペアを受け入れる余裕がありません。
(g) Cl 原子のローンペアは原子核に強く引きつけられていて（他分子に与える力が弱く），Lewis 塩基として働きません。

1-10. 酸塩基の強弱と誘起効果, 共鳴効果

　化合物は常に，より安定な状態に変化しようとします。その度合いが酸性，塩基性の強弱にも現れます。

1-10-1. 酸性度の比較（1）共鳴効果（R 効果）

　化合物の酸性とはプロトンを与える能力ですから，与えた後の形（共役塩基）が安定なほど強い酸となります。そこで共役塩基の安定性を比べてみましょう。
　① メタンの共役塩基であるメチルアニオンでは，負電荷が C 原子 1 か所に集まっており，まったく安定化の要素がありません。これを**電荷が局在化している**といいます。

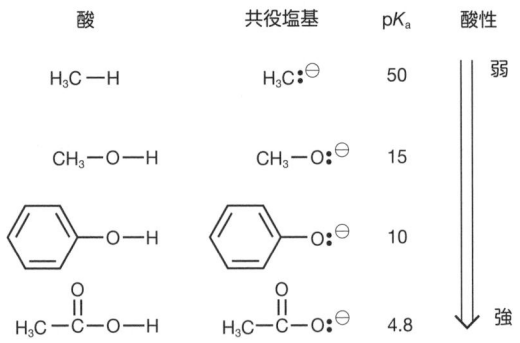

図1-27. メタン，メタノール，フェノール，カルボン酸の酸性度

②メタノールの共役塩基メトキシドアニオンも電荷は局在化しています。しかしながら，電気陰性度の大きなO原子上なので，メチルアニオンよりもはるかに安定になります。

③フェノールから生じるフェノキシドアニオンは，負電荷を担う電子対が移動して，一部ベンゼン環上に広がる共鳴構造をとります。この様子を，図1-28のように共鳴矢印で結ぶいくつかの「共鳴構造式」を用いて表すことができます。**電荷が「非局在化（分散）」して分子が安定化しています。**実際は**4つの共鳴構造式**の間を振動しているのではなく，**A**のように酸素上に大きな負電荷，ベンゼン環の3か所にわずかな負電荷がある構造と考えられています。

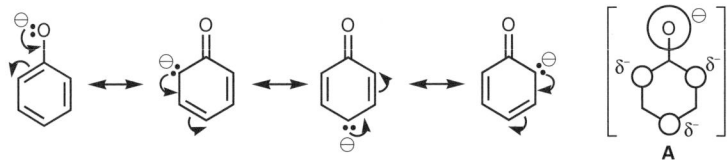

図1-28. フェノキシドアニオンの共鳴構造

④カルボキシラートアニオンは，次式のような共鳴構造をとります[15]。実際は負電荷が2つの酸素に均等に存在しているため，電荷はフェノキシドアニオンの場合より分散しています。

---

[15] カルボニル基では電荷に偏りがあるため（電気陰性度がO：3.5，C：2.5），π電子が動く共鳴構造を書くことができる。実際はほとんど**A**に近い状態。

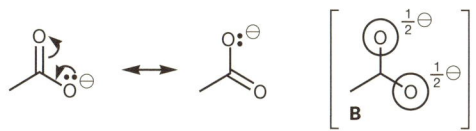

図 1-29. カルボキシラートアニオンの共鳴構造

以上のように，ローンペアと π 電子が電子をやりとりして安定化されることを**共鳴効果（R 効果[16]）**とよびます。

1-10-2. 二重結合の共役

フェノキシドアニオンの共鳴構造で見たように，二重結合が隣り合う場合は，共鳴する範囲が長くなります。すなわち，電荷がより遠くまで広がることによって安定化します。このような二（三）重結合を共役二（三）重結合とよびます。図 1-30 のように，正電荷，負電荷，不対電子（ラジカル）いずれも非局在化できます。また，C=C に限らず，π 電子のある C=O，C=N，C≡C，C≡N なども同様です。

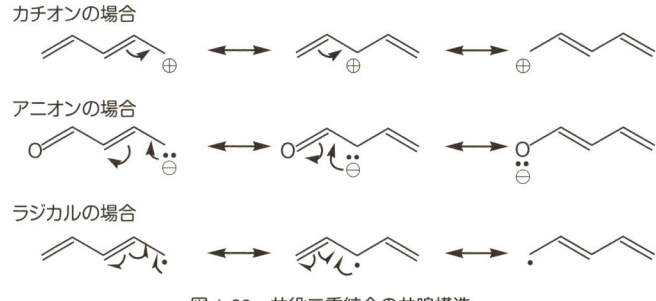

図 1-30. 共役二重結合の共鳴構造

1-10-3. 酸性度の比較（2）誘起効果（I 効果）

結合する原子間の電荷の偏りはそれぞれの電気陰性度（En，表 1-1，図 1-20）の差に起因します。これを**誘起効果（I 効果[17]）**とよびます。とくに σ 結合の場合は重要で，電気陰性度大の原子が電子対を引き寄せる場合（電子吸引性）は -I 効果，逆（電子供与性）は +I 効果です。

これを用いて酢酸とクロロ酢酸の酸性度の違いを考えてみましょう。酢酸は

---

[16] resonance effect

[17] inductive effect

pK_a 4.8 ですが，C–H の H 原子を Cl 原子で置換するほど，酸性度（共役塩基の安定度）は高まります（図 1-31）。

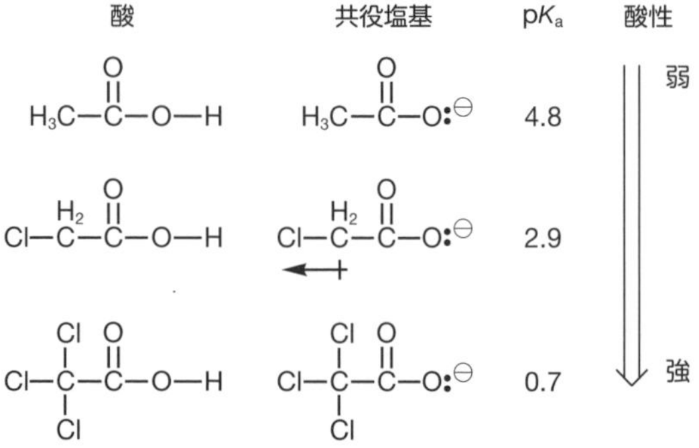

酸	共役塩基	pK_a	酸性
$H_3C-COOH$	$H_3C-COO^{\ominus}$	4.8	弱
$Cl-CH_2-COOH$	$Cl-CH_2-COO^{\ominus}$	2.9	↓
$Cl_3C-COOH$	$Cl_3C-COO^{\ominus}$	0.7	強

図 1-31．酢酸，クロロ酢酸，トリクロロ酢酸の酸性度

これは，電子吸引性基であるクロロ基によってカルボキシラートアニオン（共役塩基）の負電荷が非局在化（分散）し，より安定化するためです。

頻出例題1-11　次の化合物の酸性度の違いを説明せよ。

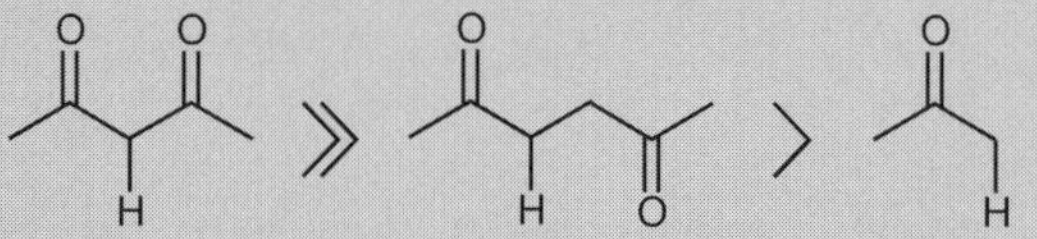

1 pK_a9　≫　**2** pK_a19　>　**3** pK_a20

解答　酸性度は，H$^{\oplus}$ を引き抜いた後の共役塩基の安定性から考えます。**1'** では生じた負電荷が3か所に非局在化して，2か所の **2'** や **3'** より安定です。**2'** では他方の電子吸引性カルボニル基の −I 効果によって，わずかに負電荷が分散し，安定性が高まっています。

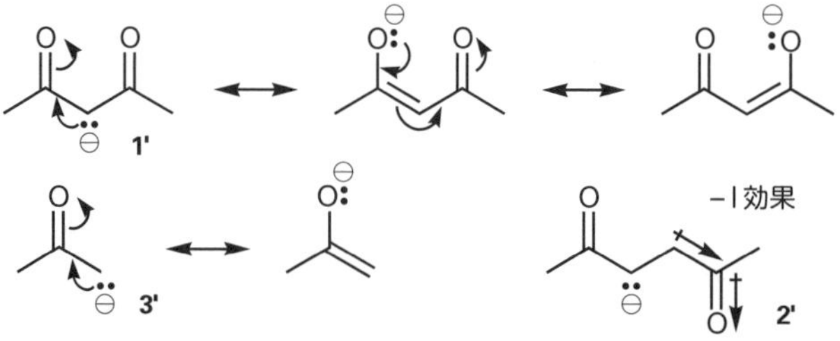

> **頻出例題1-12** 次の化合物を酸性の弱い順に並べなさい。

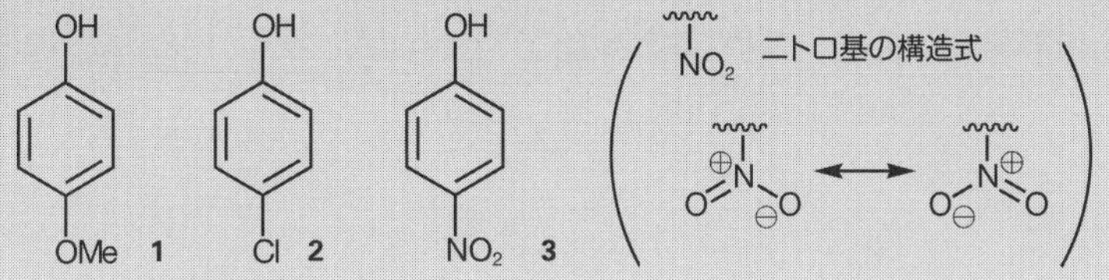

(OMe 1, Cl 2, NO₂ 3 のパラ置換フェノール) (ニトロ基の構造式)

解答 **1 < 2 < 3** です。これも共役塩基の安定性を比較します。**一般にOやN原子ではI効果よりR効果のほうが強く働きます**。**1'** では，メトキシ基のローンペアがベンゼン環のπ電子と電子供与的に共鳴し，負電荷が集まるため不安定化します（2-6-3参照）。すなわち**1**は最も弱い酸です。**2'** のクロロ基はローンペアの供与性が小さく，電子吸引性基として働くので，**1'** より安定です。ニトロ基は強い電子吸引性基です。R効果と-I効果の両方が強く働くので，**3'** の負電荷はより広く非局在化して，安定化します。すなわち**3**が最も強い酸です。

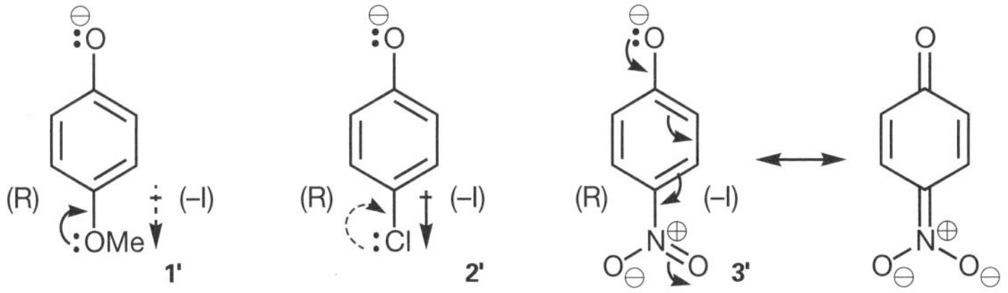

1-10-4. 塩基性度の比較

塩基性の強弱も，共鳴効果と誘起効果を用いて説明できます。

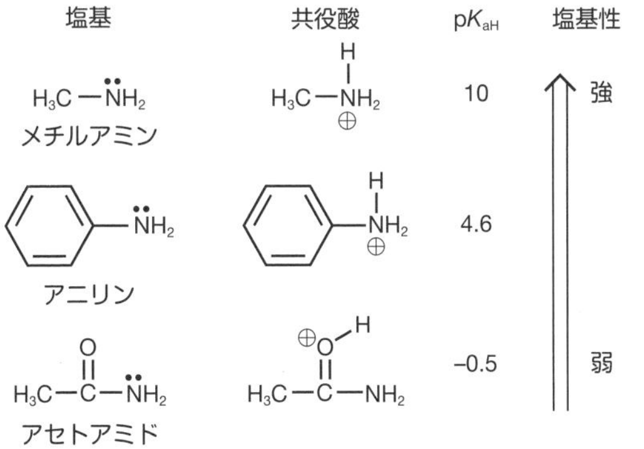

塩基	共役酸	pK_{aH}	塩基性
H_3C-NH_2 メチルアミン	$H_3C-NH_3^+$	10	↑ 強
アニリン $C_6H_5-NH_2$	$C_6H_5-NH_3^+$	4.6	
$H_3C-CO-NH_2$ アセトアミド	$H_3C-C(OH)=NH_2^+$	−0.5	↓ 弱

図 1-32. メチルアミン，アニリン，アセトアミドの塩基性度

共役酸の pK_{aH} 値が大きいほど塩基性は強くなります。ここでは，**塩基自体のローンペアの与えやすさ**をもとに，塩基性の強さを考えましょう。

① メチルアミンのローンペアは N 原子上に局在化しています。つまりプロトンに与える力が強く，強塩基です。

② アニリンのローンペアはフェノキシドアニオンと同様，R 効果によりベンゼン環上に非局在化しています。すなわちプロトンを与える能力に劣り，弱塩基となります。

③ アセトアミドでは酸素の強い電気陰性により，窒素のローンペアはほとんど塩基性を示しません。しかもプロトン化は O 原子上に起きます。実際，アミドは中性化合物です。

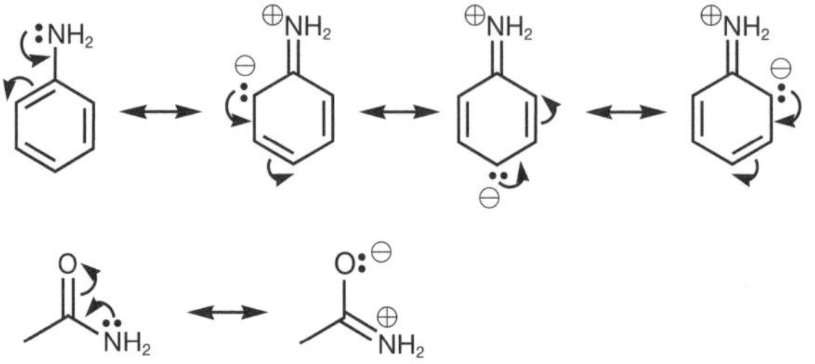

図 1-33. アニリン，アセトアミドの共鳴構造

頻出例題1-13 アセトアミドのプロトン化が，N 原子ではなく O 原子上に起こる理由を，共鳴の考え方を用いて説明せよ。

解答 O 原子がプロトン化された **1** では，N 原子のローンペアが共鳴して，正電荷が非局在化できます。一方，**2** では図のような共鳴は不可能で，正電荷が N 原子上に局在化してしまいます。

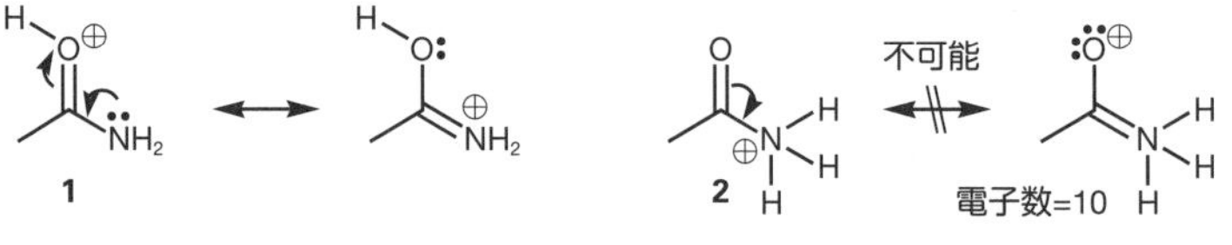

頻出例題1-14 次の化合物の塩基性度を比較せよ。

アミン **1**　　アミジン **2**　　グアニジン **3**

解法のポイント ここではプロトン化した化合物の安定性を考えます。

解答 プロトン化したアミン **1'** は正電荷が局在化していますが、アミジン **2'** では2か所に非局在化でき、より安定です。すなわち **2** は（H⁺を受け取りやすいので）より強い塩基となります。3か所に非局在化するグアニジン **3** はさらに強い塩基です。

1' pK_{aH} 11　　**2'** pK_{aH} 12.4

3' pK_{aH} 13.6

頻出例題1-15 次の化合物の塩基性度・酸性度を比較せよ。

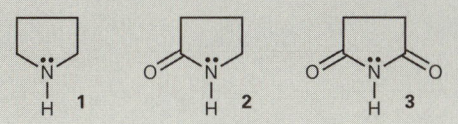

1　　**2**　　**3**

解答 図1-32で見たように、アミン **1** は塩基性、アミド **2** は中性化合物です。イミド **3** になると、2つのカルボニル基の電子吸引性により、N原子上のローンペアがLewis塩基として働かなくなるだけでなく、図のようにH⁺を放出しやすくなります。酸性度は、**2** と比べると 10^9 倍、メタノールと同程度になります。

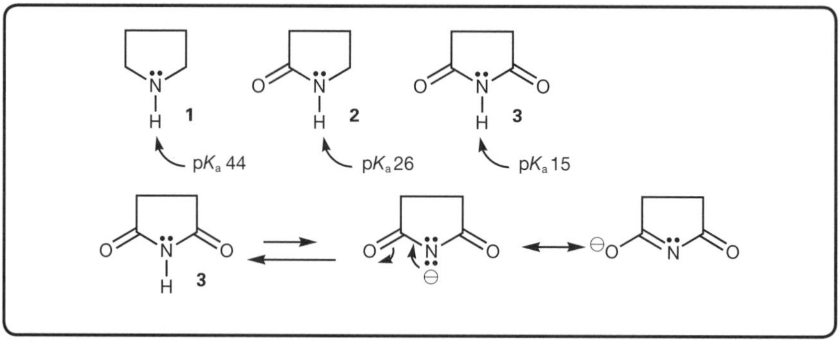

[構造式: ピロリジン 1 (pKa 44), 2-ピロリドン 2 (pKa 26), スクシンイミド 3 (pKa 15), およびスクシンイミドアニオンの共鳴構造]

1-11. 塩基性と求核性

　これまで学んできたように，Lewis 塩基が電子対を与える相手にはプロトン（およびプロトンを含む分子・酸）があります。この場合の Lewis 塩基を「**塩基**」であるといい，B，B:，B:$^{\ominus}$ と表します。一方，相手が C 原子である場合の Lewis 塩基は「**求核性分子**[18]」であるといい，Nu，Nu:，Nu:$^{\ominus}$ と書きます。電子対を受け取る相手は「**求電子性分子**[19]」（E, E$^{\oplus}$）です。一般に電子の豊富な**ヘテロ原子（窒素，酸素）は塩基**に，**カルボアニオンは求核性分子になる傾向があります**。ただし塩基性，求核性は周囲の影響を受けることも多く，また両方の性質を合わせもつこともあり，いちがいには決められません。

　例）水素化ナトリウム（NaH）は塩基，水素化ホウ素ナトリウム（NaBH$_4$）は求核性分子としてのみ働きます。メトキシドアニオンは塩基性と求核性を合わせもっています。

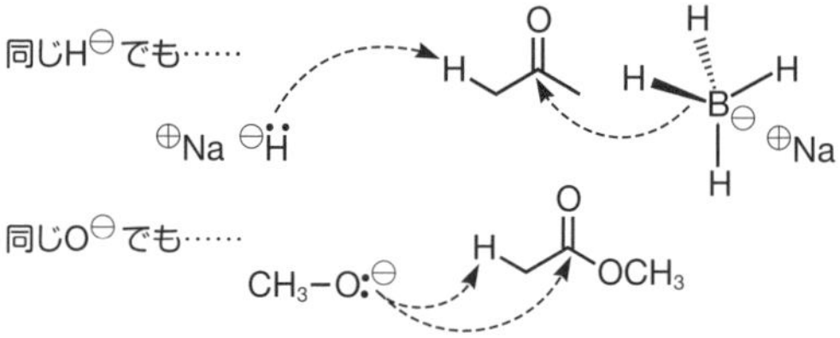

図 1-34. ヒドリド，酸素アニオンの塩基性と求核性

---

[18] 求核性分子（nucleophile）　求電子性分子を攻撃する Lewis 塩基のこと。求核試薬，求核剤ともよぶ。核とは，求電子性分子内の C$^{\oplus}$ や C$^{\delta+}$ を示す。~phile は～を好むの意。
[19] 求電子性分子（electrophile）　求電子試薬，求電子剤ともよぶ。

1-12. 有機化合物の構造式の書き方

ここで有機化合物の書き方を復習しましょう。基本的な名前の付け方は、付録を参照してください。

1-12-1. 点電子式

最外殻電子を点（・）で表します（図 1-35）。

1-12-2. 構造式の略記法

分子が大きくなると、原子すべてについて記号と結合を書くのは大変な作業となります。そこで、とくに必要な場合を除いて構造式を略記する方法が一般的です。

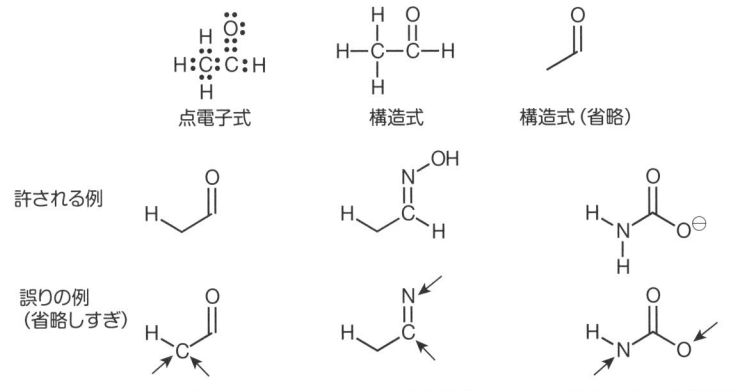

図 1-35. 有機化合物の構造式

【省略するときの規則】

① 炭素の元素記号 C と、炭素に結合している H、そしてその結合を省略できます。CC 結合は棒線（－, ＝, ≡）で表し、折れ線の角が C 原子を表します。ただし、C と書いたら必ず H（または -H）を加える必要があります。

② ヘテロ原子に結合している H（または -H）は省略できません。

③ ベンゼン環の電子には、丸印を使うことができます。

④ ローンペアは書かなくてもよいですが、**電荷は省略できません**。

⑤反応機構図中では，必要のない無機イオンなどを省略することが多いです。
⑥本書では，水素結合をO - - - Hと表し，イオン結合のカチオンとアニオンの間には結合を書かないことにします。

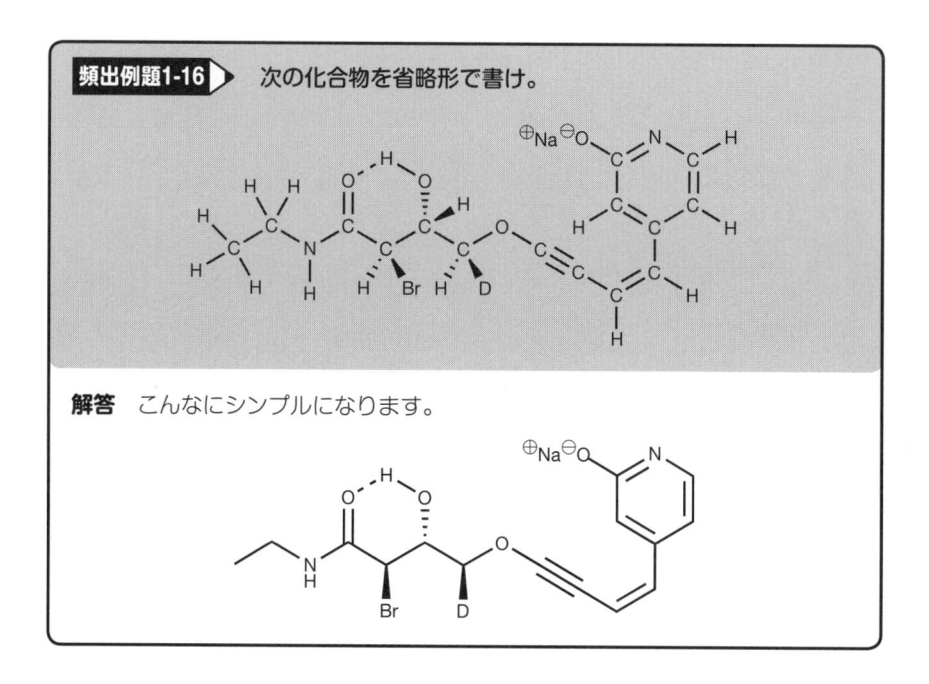

頻出例題1-16 次の化合物を省略形で書け。

解答 こんなにシンプルになります。

1-13. 立体化学と異性体

置換基の結合の空間的配置が異なるものを**立体異性体**とよびます。

1-13-1. 幾何異性体

二重結合は常温では自由回転しないため，置換位置の違いによる異性体の存在が可能です。これを幾何異性体とよびます。異性体を区別する記号は，化合物名の先頭に付けます。同じ側を *cis* または (*Z*)（zusammen：ドイツ語），反対側を *trans* または (*E*)（entgegen）とよびます。(*Z*)-体では置換基同士の反発があるため，(*E*)-体のほうが安定な化合物です。

1-13-2. 鏡像異性体

C原子（sp^3）の4本の手は正四面体の頂点を向いているため，4つの置換基

図 1-36. 幾何異性体

cis, (Z) ----- 同じ側
trans, (E) --- 反対側

が異なる場合は鏡像異性体が生じます。アミノ酸アラニンの天然型は，非天然型異性体と鏡像の関係にあり，重ね合わせることができません。これらは旋光性（偏光の旋光面を回転させる性質）が逆向きであるほかは，物理化学的性質はまったく同じです。ここで，中心のC原子をとくに**キラル（chiral）炭素**とよびます。一般的なキラル炭素の表記にはRS-表示法を用います。これは4つの置換基に原子番号の大きい順に番号を付け，4番目を奥に置いた場合に1→2→3番が時計回りなら**(R)**，反対なら**(S)**とする方法です。

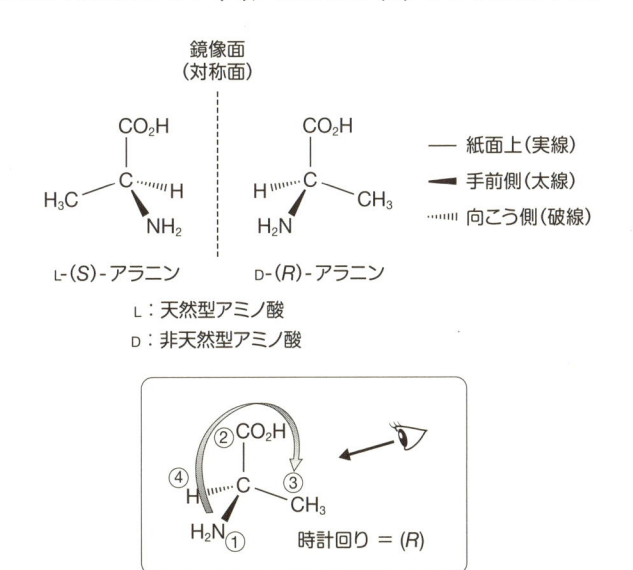

L：天然型アミノ酸
D：非天然型アミノ酸

図 1-37. 鏡像異性体

1-13-3. 配座異性体

C–C単結合の回転によって生じる異性体を配座異性体とよびます。

A. 鎖状化合物・エタン (ethane)

エタンでは，C–H結合同士が近づく重なり型ではなく，ねじれ型が優先します。C–C結合を結ぶ直線上から見た「**Newman（ニューマン）投影式**」を用いれば，配座の様子がよくわかります。図1-38のように，手前側のC原

図 1-38. エタンの立体構造

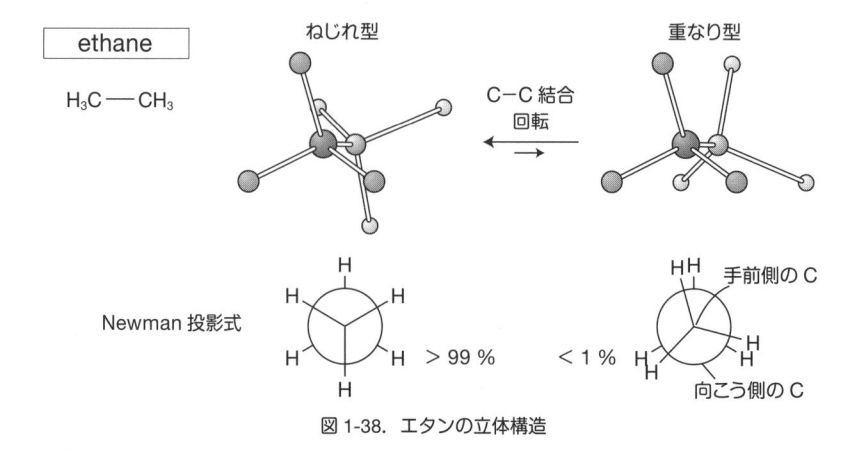

子を「結合の交差点」，向こう側の C 原子を「〇」で示します。

B. 鎖状化合物・ブタン (butane)

炭素鎖の長いブタンでは，ねじれ型配座が 2 種類存在します。**ゴーシュ (gauche) 型**配座では嵩高いメチル基同士の立体反発があるため，**アンチ (anti) 型**が安定です。

図 1-39. ブタンの立体構造

頻出例題1-17 有機化合物は一般に，最長の炭素鎖が最長のジグザグの実線になるように書く。**1** を書き換えなさい。

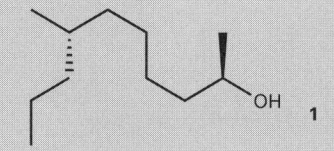

解答 まず最長の炭素鎖をまっすぐのジグザグにします。ここでは **1** の 10-9-8

位の炭素結合を 9 位が「山」になるように書きました（**1a**）。5-6 位と 3-4 位の結合を逆に折り曲げている（180°回転させている）のがわかるでしょうか。

立体化学を示す結合の書き方にはコツがあります。太線で書いた手前向きの結合は，**2a**，**2b**，**2c** のように入れ替えて書くことができます（破線で書いた向こう向きの結合も同じです）。ちなみに **2c** を裏返すと **2e** で，太線は破線になります。

1a の長いジグザグ結合をすべて実線にかえると **1b** になります。

C. 環状化合物・シクロヘキサン（cyclohexane）

シクロヘキサンは，平面状ではなく，図 1-40 のような**イス型配座**をとっています。環平面に垂直にでている水素を**アキシアル**（axial）水素，平面（赤道）内にある水素を**エクアトリアル**（equatorial）水素とよびます。イス型配座の環は反転（フリップ）することができ，アキシアル基とエクアトリアル基が入れ替わります。立体視図を使ってイス型配座の様子を見てみましょう（左目で左図，右目で右図を平行に見ます）。

D. 環状化合物・メチルシクロヘキサン（methylcyclohexane）

イス型のシクロヘキサン環に置換基がある場合，図 1-41 の 1,3-ジアキシアル相互作用（立体反発）で，エクアトリアル配座が優先します。

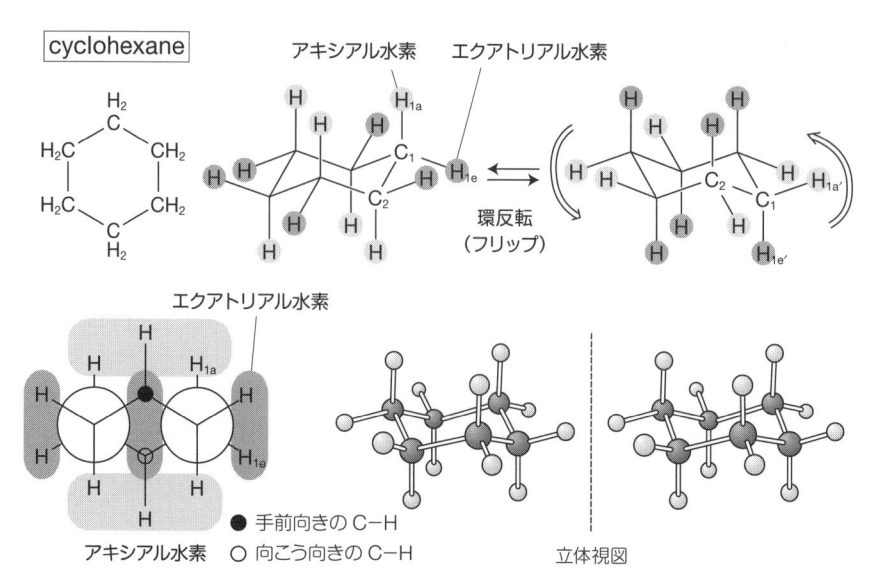

cyclohexane

アキシアル水素　エクアトリアル水素

環反転（フリップ）

エクアトリアル水素

● 手前向きの C−H
○ 向こう向きの C−H

アキシアル水素　　　　　　　　　　立体視図

図 1-40．シクロヘキサンの立体構造

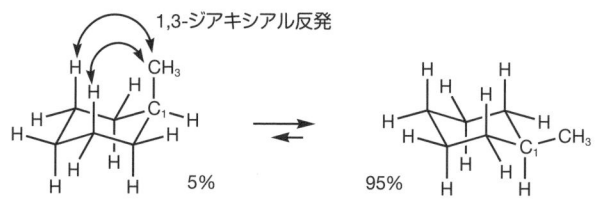

1,3-ジアキシアル反発

5%　　　　　　　　　　95%

図 1-41．メチルシクロヘキサンの配座異性体

頻出例題1-18　次のシクロヘキサン誘導体の安定配座を書け。

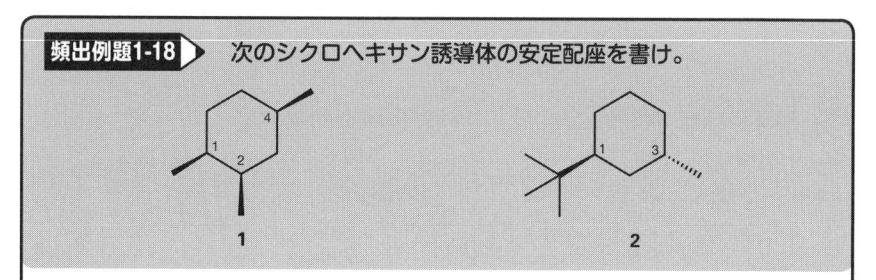

1

2

解答　アキシアルメチル基の数が少ない **1b** がより安定です。**2** ではより嵩高い[20]（体積の大きい）*tert*-ブチル基（3級）がエクアトリアルにある配座が安定になります。

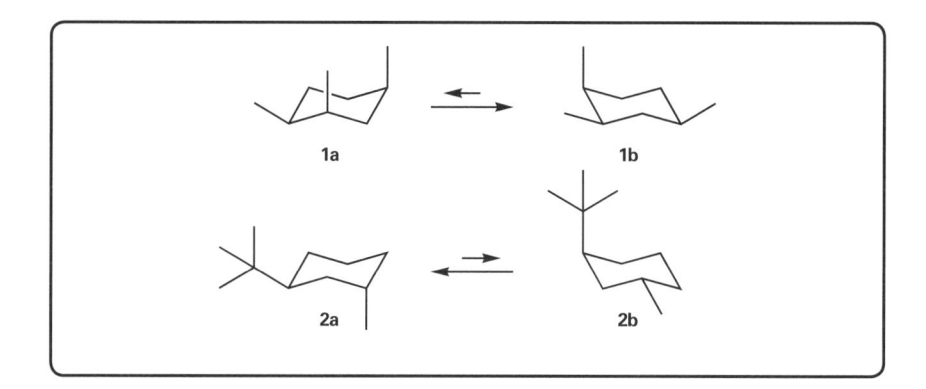

> **頻出例題1-19** *trans*-および *cis*-デカリンの立体構造式を書け（C−H結合の向きがわかるように）。なお，特別にH記号を省略してもよい。
>
> 1 *trans*-デカリン　　2 *cis*-デカリン

解答 **1**はシクロヘキサンを横に2つ並べます。**2**では斜めになった環を書くために，平行な結合同士に注意する必要があります。すべての結合が四方向の線のいずれかに当てはまることがわかりますね。

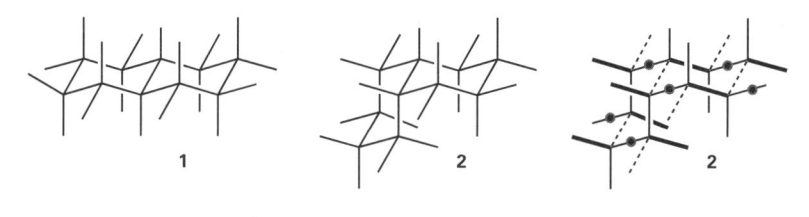

[20] 嵩高い　混み合っていて，立体障害が大きい様子。

第2章 有機化学反応
反応のメカニズム

　有機化学反応は，衝突する分子中の官能基同士が相互作用して起きます。とくに電荷の相互作用に基づく「イオン性反応」においては，官能基の電気的性質に関する理解が大切です。そのために第1章では，元素や結合の電気的性質を学び，分子の性質を見抜く目を養いました。本章では反応を，官能基の電気的性質と条件（酸性・塩基性）など最小限の基本事項を用いて分類しました。幾多の反応もいくつかのパターンに分類されること，未知の反応も官能基の性質から理解できることを学び取ってください。共通の基本事項を理解すれば，幾多の反応を丸暗記する必要はなくなります。もう1つ，反応が起こる原因として重要な，**軌道の相互作用**がかかわる「ラジカル反応」と「Diels-Alder 反応」についても紹介します。

2-1. イオン性反応の基本

　イオン性反応のポイントは，静電的な相互作用です。電気陰性と電気陽性の強い原子同士が近づくこと，すなわち，求核性分子から求電子性分子への攻撃が引き金になります。条件によって以下のように攻撃が起きます（**攻撃は常に電子対が実行します！**）。このうち重要なのは i) と ii) です。

　i) 塩基性条件：アニオン性 Lewis 塩基（負電荷を帯びたローンペア）→中性化合物（$C^{\delta+}, H^{\delta+}$）

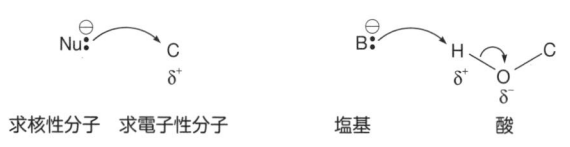

図 2-1-1. イオン性反応：塩基性

　ii) 酸性条件：中性 Lewis 塩基（δ^-・ローンペア）→カチオン（$C^\oplus, H^\oplus$）

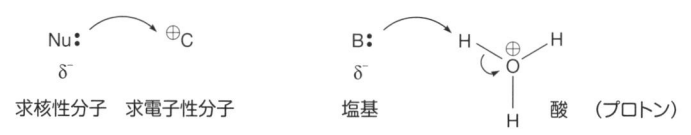

図 2-1-2. イオン性反応：酸性

iii) 中性条件：中性 Lewis 塩基(δ^- 性が大きい) → 中性化合物(δ^+ 性が大きい)

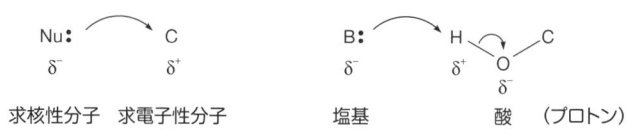

図 2-1-3. イオン性反応：中性

2-2. 電子移動の矢印

ここで電子の動きとその矢印について復習しておきましょう。

i) 結合1本は電子2個で形成される。
ii) 電子対（電子2個）の動きは**両鈎矢印**で示す（結合が1本形成される動き）。矢印はローンペア（:）または負電荷（⊖）や結合（−）から出て，原子または結合に入る。
iii) 不対電子（電子1個）の動きは**釣り針矢印**で示す（両方から1個ずつで結合が1本形成される）。
iv) 反応式で逆向きの矢印が2本並ぶ場合は**可逆反応，平衡反応**を表す。矢印の大きさが偏りの目安となる。化学反応は可逆であることが多いが，通常は，必要な場合以外は逆方向を書かない。
v) 反応式の両矢印は**共鳴構造**同士をつなぐ場合に使う。共鳴構造では，変化するのは電子の位置と結合の本数だけで，原子は移動しない。

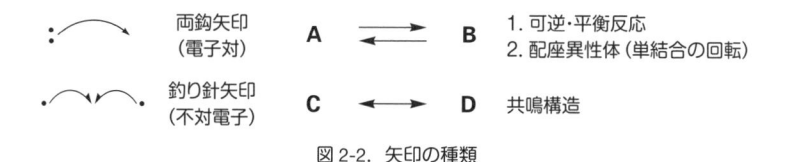

図 2-2. 矢印の種類

vi) **電子対の攻撃により結合が形成される場合は，電荷が1つ移動する**。C_A にあった負電荷は C_B に移っている（図 2-3，式 (1)）。同様に C_D の正電荷は C_C に移る（式 (2)）。

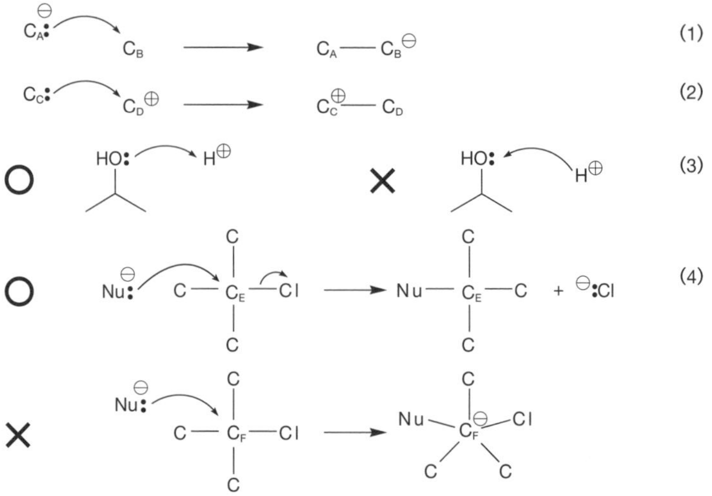

図 2-3. 電子移動の様子

vii) 式 (3) のようにプロトンが電子対を攻撃する矢印は誤り。
viii) 電子対は，常にオクテット状態（電子 8 個）を超えないように移動する。式 (4) では，Nu が C_E を攻撃すると同時に Cl 原子が電子対を伴って離れ（脱離して）いく。C_E も Cl アニオンもオクテットを保っている。脱離が起きないと，C_F の手は 5 本（電子 10 個）で最外殻に入りうる電子数を超えてしまい，誤り。

頻出例題2-1　下記の組み合わせにおいて，一方から他方へプロトンが移動する機構と生成物を書け。

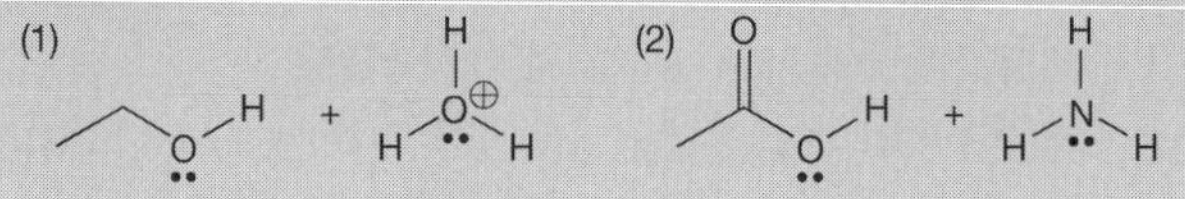

解答 （1）$δ^-$ 性のローンペアが $H^⊕$ を攻撃して，オキソニウムカチオンは水になります。このとき，直接 O 原子への攻撃は，電子数が 10 個になるため起こりません。これを 8 個にするためには，$H:^⊖$ を脱離させなければなりませんが，不安定すぎて不可能です。
（2）アミノ基のローンペアがカルボン酸のプロトンを攻撃して塩（酢酸アンモニウム）が生成します。電気的に中性な分子同士が反応するのは，両者の $δ^-$ 性と $δ^+$ 性の差が大きい場合です。

第 2 章　有機化学反応

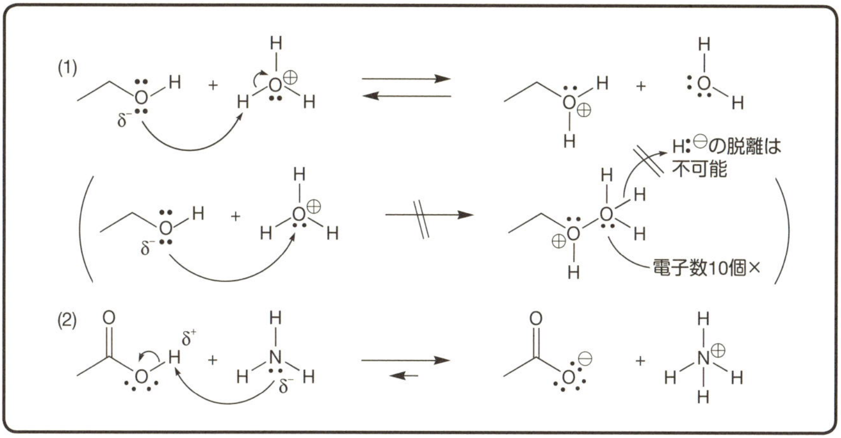

(図:プロトン移動反応の例(1)(2)、「H:⁻の脱離は不可能」「電子数10個×」)

2-3. 二分子求核置換反応（S_N2反応）と二分子脱離反応（E2反応）

ローンペアは負に帯電しており，電気陽性な原子を攻撃することができます。求核性分子（または塩基）の攻撃と同時に，sp^3炭素から脱離基が脱離する場合を二分子求核置換反応（S_N2反応）または二分子脱離反応（E2反応）とよびます。

2-3-1. 二分子求核置換反応（S_N2反応）〜ローンペアが求核攻撃する場合

図2-4，2-5のように，求核性分子が陽性の炭素（核）を攻撃し，脱離基と入れ替わる反応がS_N2反応（bimolecular nucleophilic substitution）です。反応速度が基質と求核性分子の濃度の積によって決まるため，この名が付きました。

図2-5に重水素化したブロモエタンのエタノールへの変換を示しました。求核性分子$HO:^⊖$がC原子に近づき，遷移状態[1]を経てブロモ基が反対側から脱

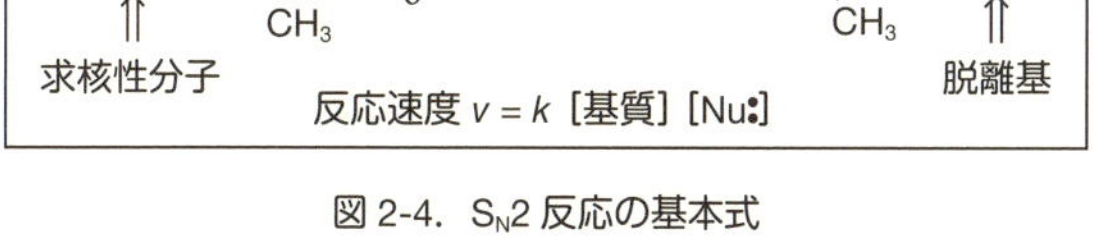

(図: S_N2反応の遷移状態の模式図。求核性分子 Nu:⁻ が C に攻撃、L が脱離。反応速度 $v = k$[基質][Nu:])

図2-4. S_N2反応の基本式

---

[1] 遷移状態　原系（反応のはじめ）と生成系（おわり）の間で最もエネルギーの高い状態。

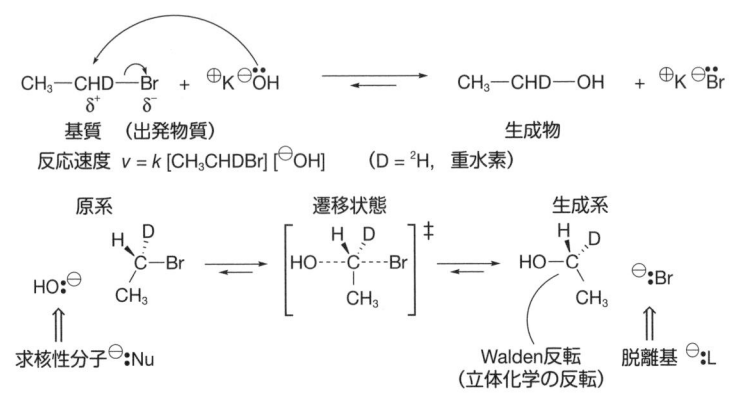

$$CH_3-CHD-Br + {}^{\oplus}K\,{}^{\ominus}OH \longrightarrow CH_3-CHD-OH + {}^{\oplus}K\,{}^{\ominus}Br$$
　　　δ+　δ−

基質（出発物質）　　　　　　　　　　　　　生成物

反応速度　$v = k\,[CH_3CHDBr]\,[{}^{\ominus}OH]$　　（D = ^{2}H, 重水素）

原系　　　　　　　　遷移状態　　　　　　　生成系

（図：SN2反応機構の立体化学）求核性分子 ${}^{\ominus}$:Nu，Walden反転（立体化学の反転），脱離基 ${}^{\ominus}$:L

図 2-5．S_N2 反応の例と反応機構

離します。このときに生成するエタノールのキラル炭素の立体配置は反転しており，これを Walden（ワルデン）反転とよびます。図 2-6 に求核性分子の攻撃性と，脱離基の脱離性の目安を示しました。脱離基（L:${}^{\ominus}$）は，共役酸（H–L）の pK_a 値が小さいほど安定，すなわち脱離しやすくなります[2]。

この反応では HO:${}^{\ominus}$ は不安定で攻撃性が大きく，Br:${}^{\ominus}$ は安定で攻撃性が小さいため，左に進む逆反応は無視できます。

- 求核性分子の攻撃性　Nu: $CH_3COO^{\ominus} < Cl^{\ominus} < Br^{\ominus} < HO^{\ominus} < I^{\ominus} < N\equiv C^{\ominus}$

- 脱離基の脱離性　　　L: $CH_3O^{\ominus} \ll CH_3COO^{\ominus} < Cl^{\ominus} < Br^{\ominus} < I^{\ominus}$
  （共役酸のpK_a値）　　　15　　　4.8　　−7.0　−9.0　−10

図 2-6．求核性分子と脱離基の性質

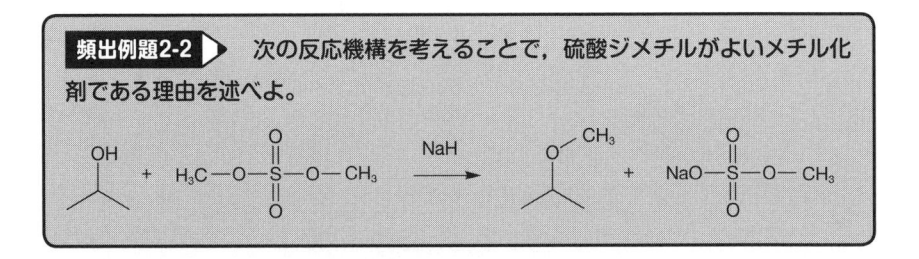

頻出例題2-2 ▶ 次の反応機構を考えることで，硫酸ジメチルがよいメチル化剤である理由を述べよ。

（反応式：イソプロパノール + $H_3C-O-SO_2-O-CH_3$ →(NaH) イソプロピルメチルエーテル + $NaO-SO_2-O-CH_3$）

---

[2] 求核性分子や脱離基の能力は，溶媒などの条件によって変わる。

解答 まず強塩基であるヒドリド（H:⁻）がアルコールのプロトンを引き抜きます[3]。生じたアルコキシドが，メチル基を求核攻撃し，置換反応が起きます。脱離した硫酸アニオン部分は，負電荷が3か所に非局在化して安定化しています。これがよい脱離基なので，硫酸ジメチルは「CH_3^+」に相当するよいメチル化剤になります。

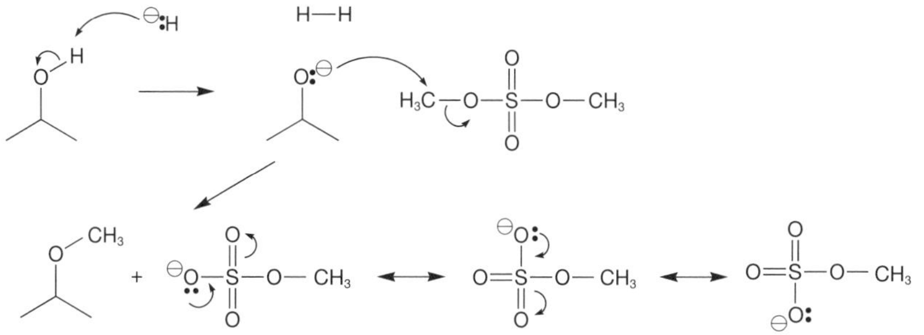

2-3-2. 二分子脱離反応（E2反応）〜ローンペアが塩基として働く場合

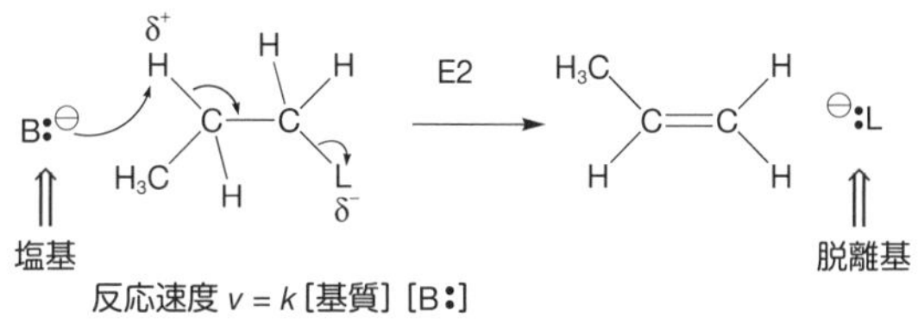

図 2-7. E2 反応の基本式

　ローンペアが，脱離基の置換した $C_α$（図 2-8 の経路 Nu）ではなく，隣の $C_β$（経路 B）上の H 原子を攻撃すると，E2 反応（bimolecular elimination）が起きて C=C 結合が生成します。α-炭素（$C_α$）[4] の周囲や塩基が嵩高く，求核性分子が $C_α$ に近づきにくい場合に起こります。2分子のぶつかり合いなので，反応速度は基質と塩基両方の濃度の積に比例します。

　酢酸ナトリウムを塩基として用いた場合，基質の嵩高さによって置換反応と脱離反応の比率がどのように変化するかを表 2-1 にまとめました。Br 原子周

---

[3] アニオン性（塩基性）反応の機構は，通常カチオン（ここでは Na^+）を省略して書く。NaH のヒドリドは求核性が小さいため，硫酸ジメチルのメチル基を攻撃しない。
[4] ある官能基に隣接する炭素を順に α, β, γ, δ- 炭素とよぶ。

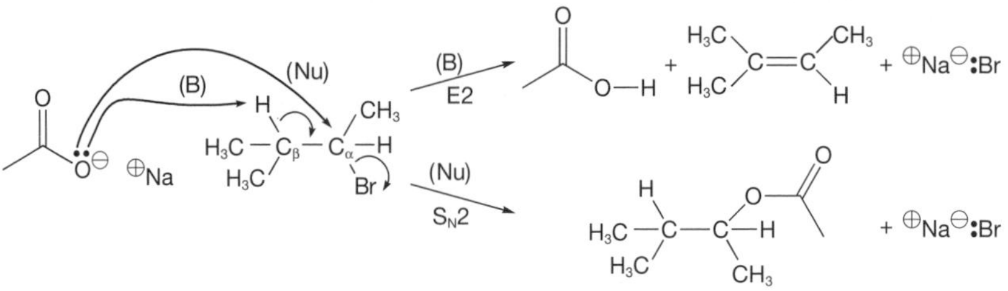

図 2-8. E2 反応の例と反応機構

表 2-1. 酢酸ナトリウムを用いた場合に起きる S_N2 と E2 反応生成物の割合

RBr	S_N2 (%)	E2 (%)
 ～Br	100	0
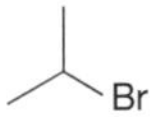 ⋏Br	100	0
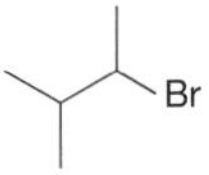 (sec-)Br	11	89
 (tert-)Br	0	100

辺が立体的に空いている場合は完全に S_N2 反応が起きます。これが嵩高くなるにしたがって E2 反応が優先してきます。

2-3-3. E2 反応の立体化学的考察

E2 反応で新たに生じる C=C 結合の幾何異性（E と Z）について考えてみましょう。

図 2-9 の (1R,2R)-1,2-ジブロモ-1,2-ジフェニルエタンを塩基で処理すると (E)-型のオレフィン（C=C 結合を有する化合物）が得られます。これはさまざまな配座異性体のうち、C(1)−H と C(2)−Br が互いに逆向き（アンチ方向）のときに起き、アンチ (*anti*-) 脱離とよびます。元の C−H 結合電子対は新しく π（C=C）結合電子となります。HO:⁻ の攻撃が C(2)−H に起きて C(1)−Br で脱離しても、生成物は同じ (E)-型になります。この例のように、出発物質の立体化学 (1R,2R) が生成物の立体化学 (E) を規定している反応を**立体特異的反応**とよびます。

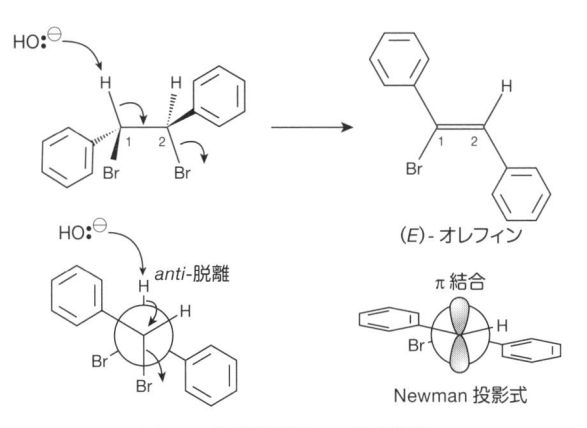

図 2-9．立体特異的な E2 反応機構

頻出例題2-3 ▶ 図 2-9 において，(1R,2S)-体からはどのような化合物が得られるか，Newman 投影式を使って考えよ。

解答 (1R,2S)-体はメソ体です[5]。C(1)–H，C(2)–H いずれで脱離が起きても，立体特異的に (Z)-オレフィンが生成します。

---

[5] メソ（meso）体 不斉炭素を有していても，分子全体が対称であるために，光学不活性になる化合物。例題の (1R,2S)-体と (1S,2R)-体は同一の化合物である。

2-4. 一分子求核置換反応（S_N1反応）と一分子脱離反応（E1反応）

基質が嵩高い場合や求核性分子ローンペアの攻撃性が小さい場合は，**攻撃に先だって脱離が起きることがあります**。次に起きるローンペアの攻撃相手がC原子かH原子であるかにより，一分子求核置換反応（S_N1反応）と一分子脱離反応（E1反応）になります。

2-4-1. 一分子求核置換反応（S_N1反応）

S_N2反応のほかに，反応速度が基質の濃度のみに依存する反応があり，これを S_N1 反応（unimolecular nucleophilic substitution）とよびます（図2-10）。これは，基質のC原子の周囲が混み合っていて，求核性分子が近づきにくい（S_N2反応が起きにくい），または遷移状態の反応中間体（カルボカチオン）がきわめて安定な場合に起きる反応です。

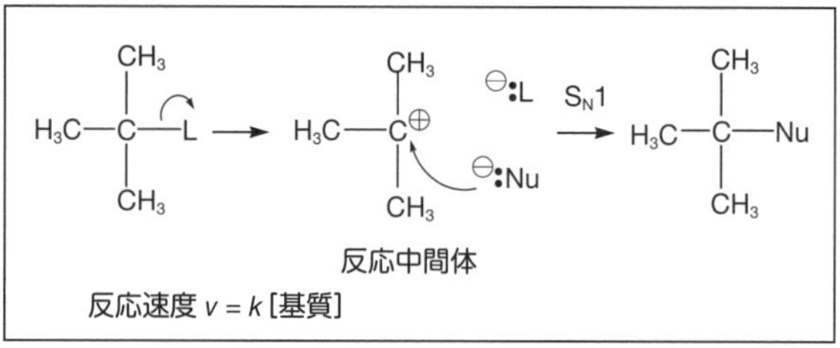

図 2-10. S_N1 反応の基本図

反応速度 $v = k$ [基質]

図2-11の基質 *tert*-ブチルブロミド **A** では，4級炭素の周囲が3つのメチル基とBr原子によって遮られています。求核攻撃を受け入れるため，まず1つの官能基が単独で脱離します。電気陰性度の大きいBr原子がアニオンの形で脱離してカルボカチオン中間体 **B** が生成します。このカチオンは，3つの電子供与性メチル基の+I（誘起）効果（1-10-3参照，アルキル基は+I効果を示す）によって安定化されています。しかしながら正電荷を有している状態は不安定なので，そこに H_2O: のローンペアが攻撃し，**C** となります。このとき，中間体カルボカチオンの空軌道は上下に等しく存在しているため，求核攻撃も上下両方向から等しく起きます。最後に **C** が脱プロトン化して **D** が生成します。3段階のうちでは最初の脱離が遅く，求核攻撃と脱プロトン化の速度は十分速いため，反応全体の速度を支配する「律速段階」は脱離段階です。すなわち全体

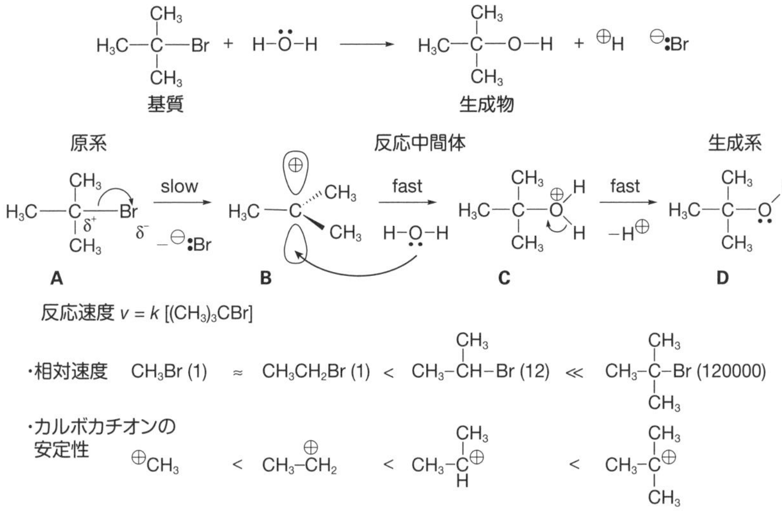

$$\underset{\text{基質}}{H_3C-\underset{CH_3}{\underset{|}{\overset{CH_3}{\overset{|}{C}}}}-Br} + H-\ddot{\underset{}{O}}-H \longrightarrow \underset{\text{生成物}}{H_3C-\underset{CH_3}{\underset{|}{\overset{CH_3}{\overset{|}{C}}}}-\overset{+}{O}-H} + {}^{\oplus}H \quad {}^{\ominus}\!\!:\!Br$$

原系 → 反応中間体 → 生成系

A (slow) → B (fast, H-O-H) → C (fast, −H⁺) → D

反応速度 $v = k\,[(CH_3)_3CBr]$

・相対速度 $CH_3Br\,(1) \approx CH_3CH_2Br\,(1) < CH_3\text{-}CH\text{-}Br\,(12) \ll CH_3\text{-}C\text{-}Br\,(120000)$
(with CH₃ substituents on secondary and tertiary carbons)

・カルボカチオンの安定性 $^{\oplus}CH_3 < CH_3\text{-}\overset{\oplus}{C}H_2 < CH_3\text{-}\overset{\oplus}{C}H\text{-}CH_3 < (CH_3)_3\overset{\oplus}{C}$

図 2-11. S_N1 反応の例とその機構

の反応速度は基質 **A** からの脱離速度とほぼ等しく，基質 **A** の濃度のみに依存することになります。

S_N1 反応の相対速度は，カルボカチオンの安定性に比例します（図 2-11）。電子供与性置換基（メチル基）の多い *tert*-ブチルカチオン **B** はきわめて大きな +I 効果を受けていることがわかります。

酸性条件での S_N1 反応も知られています。*tert*-ブチルアルコール（**E**）から *tert*-ブチルクロリド（**H**）への変換で説明しましょう（図 2-12）。酸性なのでプロトンが過剰な環境にあり，基質で最も電気陰性なヒドロキシ基のローンペアがプロトン化されます（**E**）[6]。通常 $HO{:}^{\ominus}$ は脱離性が小さいですが，プロトン化されているため，安定な $H_2O{:}$ の形で容易に脱離し（**F**），生じた 3 級（三置換）カルボカチオン **G** に $Cl{:}^{\ominus}$ が攻撃し，生成物 **H** となります。

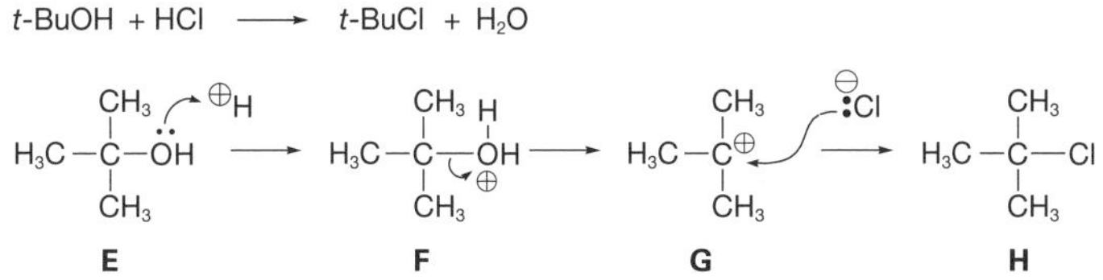

t-BuOH + HCl ⟶ *t*-BuCl + H_2O

E → F → G → H

図 2-12. 酸性条件での S_N1 反応

---

[6] 酸性条件での反応は必ずプロトン化からはじまる。

> **頻出例題2-4** 以下の3つの構造式を，S_N1反応が起きやすい順に並べなさい（Phはフェニル基）。 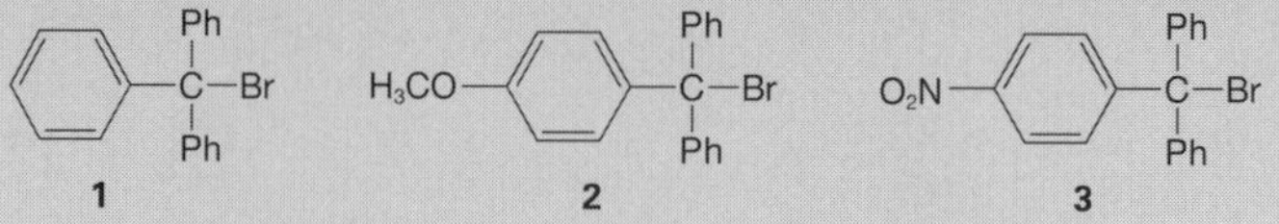
>
> （構造式 1: Ph-C(Ph)(Ph)-Br、2: H₃CO-C₆H₄-C(Ph)(Ph)-Br、3: O₂N-C₆H₄-C(Ph)(Ph)-Br）
>
> **解答** 「S_N1反応の起きやすさ＝中間体カルボカチオンの安定度」ですから，後者の安定性が置換基によってどう変化するかを考えます（頻出例題1-12と2-6-3参照）。中間体 **2'** は電子供与性のメトキシ基の共鳴効果によって安定度が増しています（$C^⊕$の電荷を相殺しています）。一方 **3'** では，電子吸引性のニトロ基が $C^⊕$ の電荷を際だたせて不安定化しています。すなわち反応性の順番は **2 > 1 > 3** です。
>
> （共鳴構造式 2' および 3' の図）

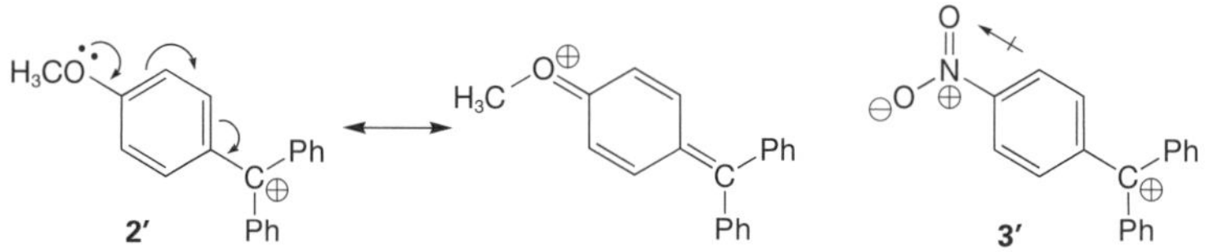

2-4-2. 一分子脱離反応（E1反応）

2-4-1で説明した安定なカルボカチオン中間体において，隣接する炭素のH原子が塩基のローンペアに攻撃されると，脱離反応が起きます。これもカルボカチオンの生成が律速段階になるため，E1反応（unimolecular elimination）とよびます。

用いる試薬の求核性（Nu）と塩基性（B）の強さのバランス，溶媒の種類や温度などの反応条件によって，S_N1反応とE1反応は競合します。

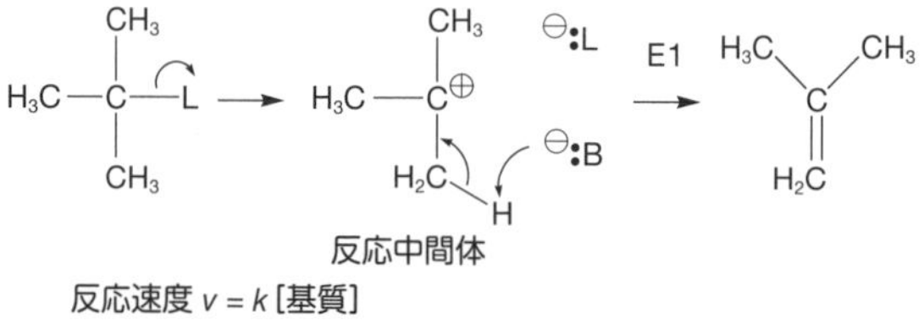

（E1反応機構図：$(CH_3)_3C-L \rightarrow (CH_3)_3C^⊕ \rightarrow (CH_3)_2C=CH_2$、反応中間体、反応速度 $v = k[基質]$）

図2-13. E1反応の基本図

次の反応では，遷移状態のカルボカチオン **B** に対して，エタノールのローンペアが隣接位の水素を引き抜いて二重結合になった **C** が 36%（B），求核攻撃した **D** が 64%（Nu）の割合で生成します。

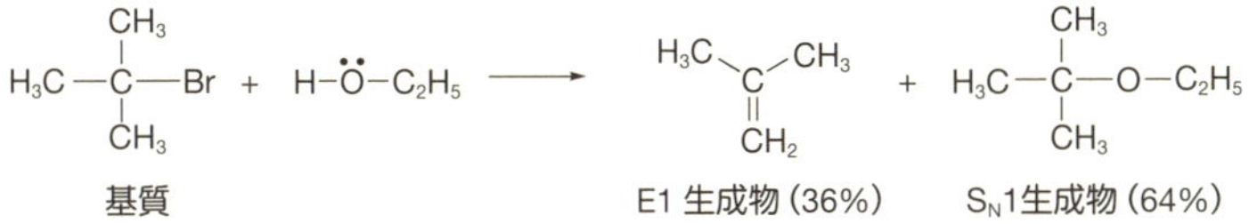

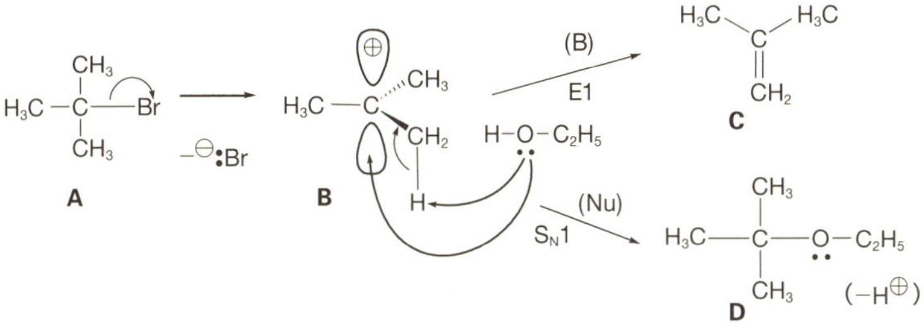

図 2-14. 競合する E1 反応と S_N1 反応の機構

酸性条件下でも E1 反応は速やかに進行します。次の反応では，S_N1 反応の例と同じくカルボカチオン中間体 **G** が生成し，脱プロトン化が起きてイソブテン（**H**）が生成します。このとき硫酸イオン（HSO_4^-）は負電荷が分散しているため求核性が小さく，**G** の $C^⊕$ 原子を攻撃しません。硫酸は触媒として働きます[7]。

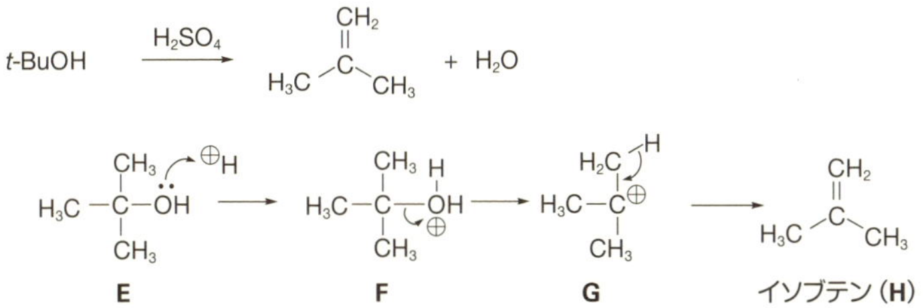

図 2-15. 酸性での E1 反応

2-4-3. E1 反応においてメチル基の転位が起きる例

図 2-16 の 2,3,3-トリメチル-2-ブタノール（**I**）を酸性で加熱すると，炭素骨格

---

[7] 酸触媒反応の機構ではアニオンを省略することが多い。この反応はリン酸（H_3PO_4）を用いても同様に進行する。

図 2-16. メチル基転位反応

の異なる生成物 **J** および **K** が生じます。

酸触媒反応なので，基質 **I** のプロトン化からはじまります。**L** から脱水して生じる二置換（2級）のカルボカチオン **M** では，メチルアニオン単位が移動して，より（+I効果で）安定な3級カルボカチオン **N** に変化します。ここからプロトン H_a が脱離すれば **J**，H_b では **K** が生成します。この場合は **Zaitsev（ザイツェフ）則**[8] により，二置換二重結合をもつ **J** よりも四置換の **K** が優先して生成します。このようにC原子が移動して骨格が変わることを「**転位反応**」とよびます。

図 2-17. メチル基転位反応の機構（図 2-16 の詳細）

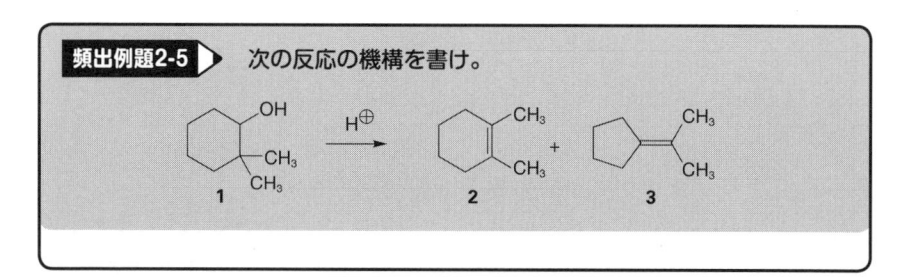

頻出例題2-5 ▷ 次の反応の機構を書け。

---

[8] Zaitsev 則 脱離反応では，より置換基の多いオレフィンが優先的に生成する。

第2章 有機化学反応

解答 酸触媒反応は必ずプロトン化からはじまります（**A**）。脱水して生じる 2 級カチオン **B** は必ずしも安定でなく，3 級カチオンになるように転位が起きます。メチル基が転位すれば **C** を経て **2** に（a 経路），環を形成する C(2)−C(3) 結合が切れて転位が起これば 5 員環 **D** を経て **3** になります（b 経路）。

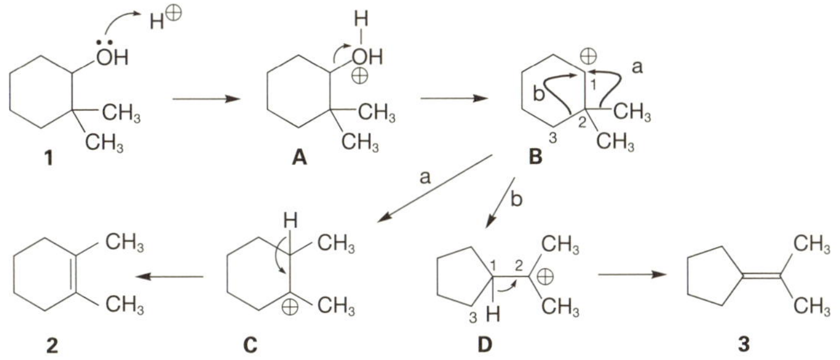

2-5. 二重結合（C=C）への付加反応（求電子付加反応）

C=C 二重結合への付加は脱離の逆反応と言えます。C=C には π 電子雲があって，電子豊富（δ⁻）な環境です。ここに電子不足（δ⁺）な求電子性分子が付加するので，求電子付加反応とよびます。

2-5-1. ハロゲン化水素・ハロゲンの付加反応
A. ハロゲン化水素化反応（Markovnikov 付加）

臭化水素の付加反応を見てみましょう。まず **A** の π 電子雲がプロトン化さ

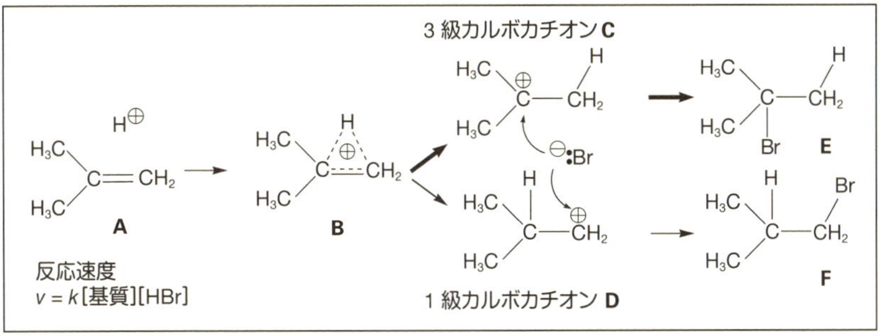

図 2-18．C=C 二重結合への臭化水素の求電子付加反応

れた3員環のカチオン中間体 B を経て，安定な3級カルボカチオン C が優先して生成します。次に Br:⁻ が攻撃してより多置換のハライド E が生成します。不安定な D を経る F はほとんど生成しません。このようにハライドが多置換側の C 原子に付加する配向性を Markovnikov（マルコフニコフ）則とよびます。

B．ハロゲン化反応

π電子雲の近くでは臭素が分極[9]し，ブロモニウムイオン中間体が生じます。反対側から Br:⁻ が攻撃してジブロミドが生成します。これをアンチ（*anti-*）付加とよびます。

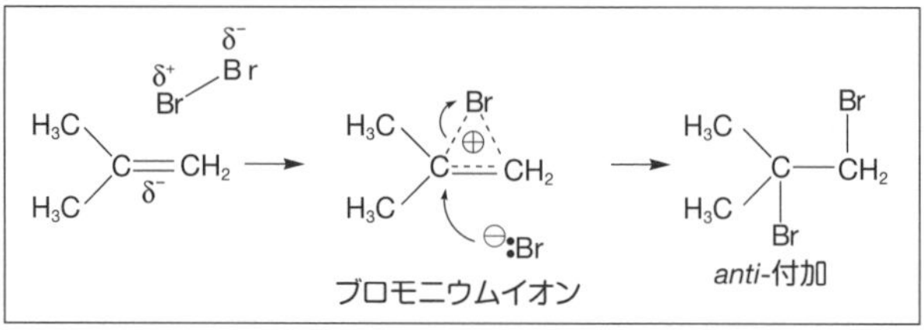

図 2-19-1．C=C 二重結合への臭素の求電子付加反応（ブロモ化）

頻出例題2-6　(1) (*E*)- および，(2) (*Z*)-2-ブテンに臭素を付加させて生じる化合物の構造を書け。

解答　(1) ブロモニウムイオン中間体に対する Br:⁻ の攻撃が，a, b いずれの位置であっても同じメソ体（2-3-3 参照）が生成します。

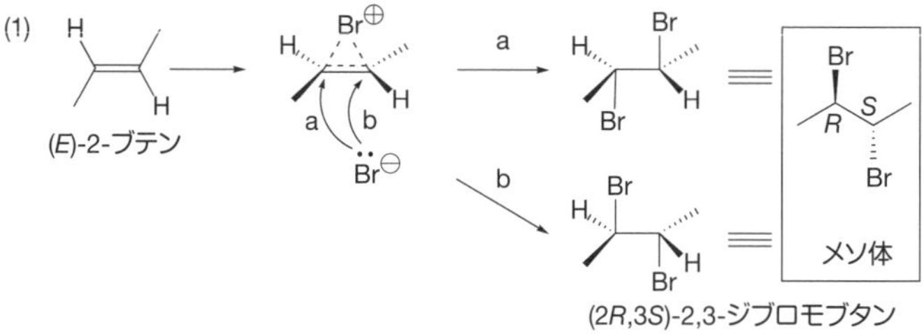

(2) 攻撃の位置によって互いに鏡像の関係にある2つの化合物が生成します。両者の生成比率は1：1なので**ラセミ体**[10]になります。これらはいずれも立体特異的反応です（2-3-3 参照）。

---

[9] 分極　分子内に電荷の偏りが生じ，極性（δ⁺・δ⁻）を帯びること。Br₂ は通常無極性分子であるが，δ⁻ のπ電子雲の影響で，結合電子対が移動し，極性を帯びる。
[10] ラセミ体　鏡像体同士が1：1で混合した化合物。化合物名の先頭に（±）- をつける。

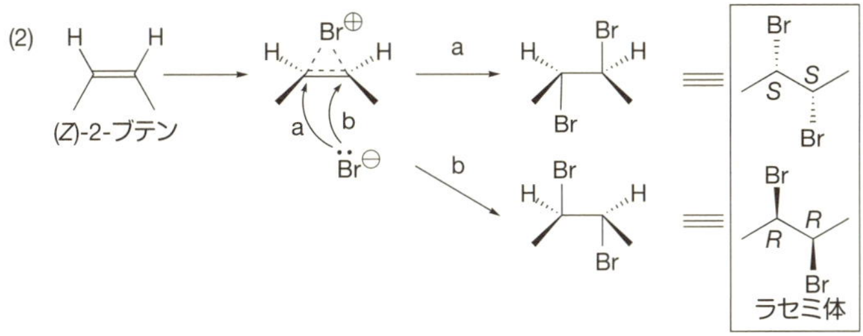

(2) (Z)-2-ブテン の反応機構図(ラセミ体生成)

2-5-2. 水和反応
A．水和反応（酸性条件，Markovnikov 付加）

水は，硫酸や硝酸が触媒として働き，アルケンに付加します（水和，hydration）。ハロゲン化水素の場合と同じ反応機構で，Markovnikov 付加物が生成します。

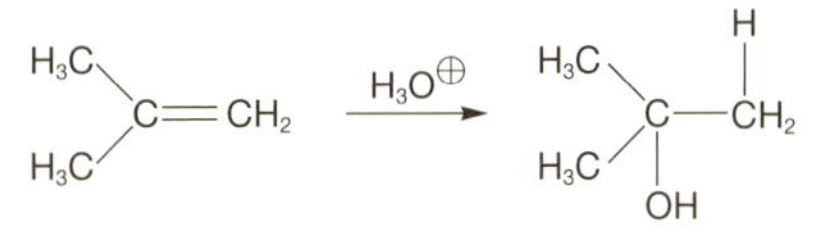

図 2-19-2．C=C 二重結合への水の求電子付加反応

頻出例題2-7 下記反応の生成物と反応機構を書け。

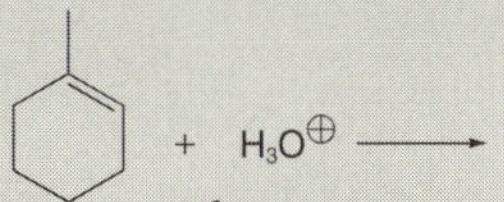

$$\text{1-メチルシクロヘキセン} + H_3O^\oplus \longrightarrow$$
1

解答 **1** からより安定な 3 級カルボカチオンが生じるようにプロトン化が起こった後，水が付加（水和）した **2** が主生成物，**3** が副生成物となります。

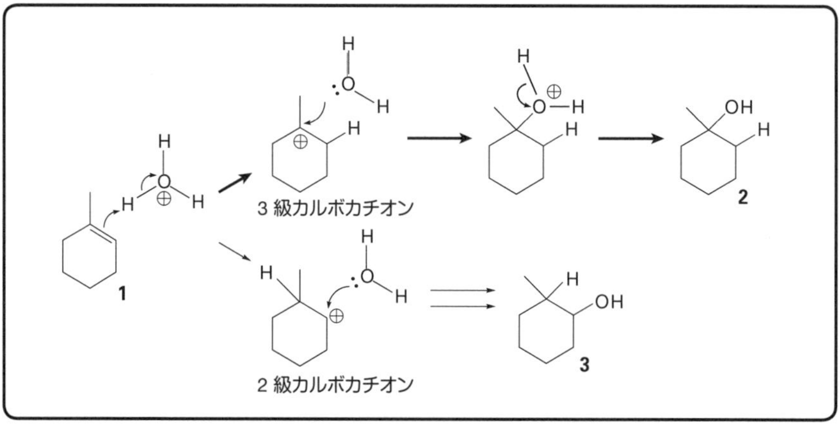

B. 水ホウ素化 - 酸化反応（*anti*-Markovnikov 付加）

アルケンから *anti*-Markovnikov 付加水和物を得る方法に水ホウ素化－酸化（hydroboration-oxidation）反応があります。

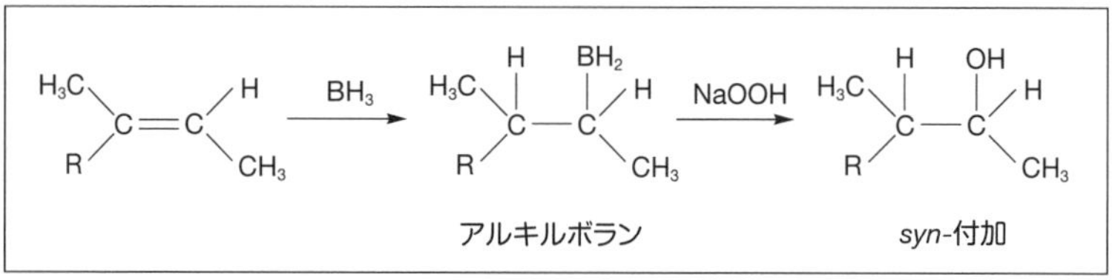

図 2-19-3．C=C 二重結合への水ホウ素化－酸化反応

　求電子性分子ジボラン（B_2H_6）はボラン（BH_3）の二量体です。ボランはC=C 結合（**1**）の空いた側に B 原子，混んだ側に H 原子の向きで近づき，同じ面から付加（水ホウ素化）します（**2**）。これは**シン（*syn*-）付加**です。同様に2分子の **1** に付加してトリアルキルボラン **3** になります。次にこれをアルカリ性の過酸化水素水（NaOOH）で（酸化）処理します。ヒドロペルオキシドイオンが B 原子の空軌道に求核攻撃すると（**4**），C–B 結合から C–O 結合への転位が起こって **5**，二度くり返してホウ酸エステル **6** が生成します。最後に加水分解されて3分子の **7** が生成します。結果として，*syn*-型の *anti*-Markovnikov 付加で**水和**が起こっています。

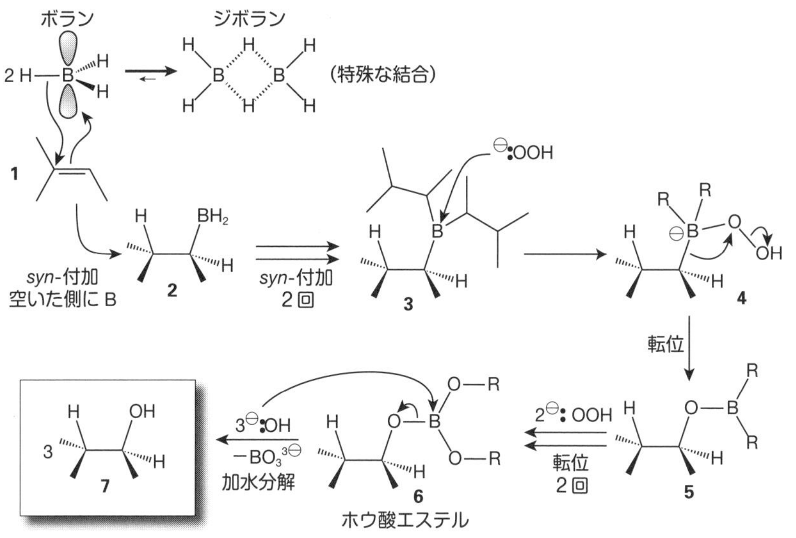

図 2-19-4. 水ホウ素化－酸化反応の機構

> **頻出例題2-8** 1の水ホウ素化－酸化反応でできるアルコール 2 の構造式を書け。

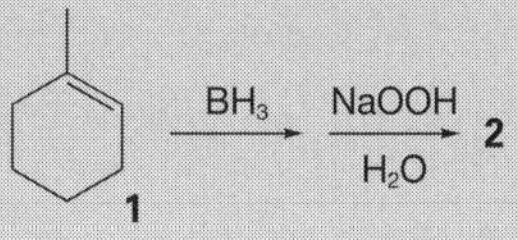

解答 生成物は H 原子とヒドロキシ基が *syn*-付加した **2** になります。(注：水ホウ素化は C=C 結合の両面（紙面の表と裏側）から均等に起こりますから、生成物はラセミ体（**2** と **2'** の 1：1 混合物）になります。)

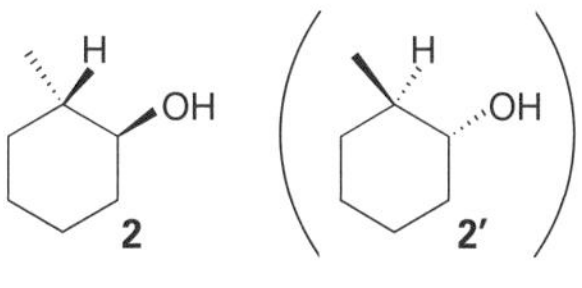

2-5-3. 酸化反応

C=C の主な酸化反応は 3 種類あります。ちなみに、2-5-2 で学んだオレフィンの水和は、酸化とは異なります。

A. エポキシ化反応

過酸を用いるとエポキシ化が進行し，エポキシドが生成します。過酸はカルボン酸に還元されています。この反応も立体特異的に進行します。生成物はいずれもラセミ体（記号 (±) を付ける，p. 52 脚注参照）です。

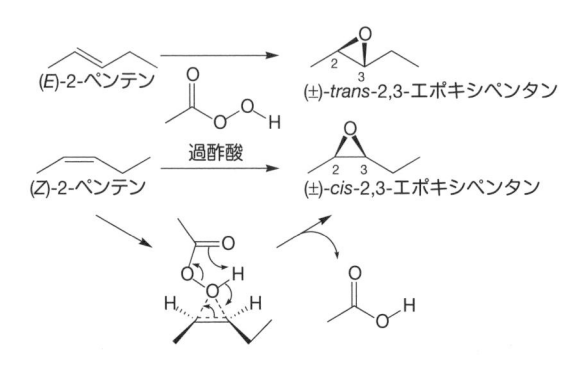

図 2-20．C=C 二重結合のエポキシ化反応

B. ジヒドロキシ化反応

四酸化オスミウム（OsO_4）を用いると C=C 結合をジヒドロキシ化できます。OsO_4 が二重結合の片側に付加してエステルを形成するので，2 つのヒドロキシ基は syn-付加になります。Os 原子は VIII 価から VI 価に還元されます。(E)-オレフィンからは syn-ジオール，(Z)-オレフィンからは anti-ジオールができる立体特異的反応です。

図 2-21．C=C 二重結合のジヒドロキシ化反応

C. オゾン分解反応

オレフィンはオゾンで酸化されて，(*E*)-体も (*Z*)-体も同様に 2 分子のアルデヒド（またはケトン）に分解されます。

図 2-22．C=C 二重結合のオゾン分解

2-5-4. 還元反応

多重結合を順に（C≡C → HC=CH → H$_2$C−CH$_2$）還元する反応を見ていきましょう。C≡C や C=C には，金属触媒上で水素の付加反応が起こります（接触水素化反応）。表面積の大きい活性炭上に坦持させた触媒（Pd-C）では，いずれもアルカンにまで還元されます。炭酸カルシウムを担体にした Lindlar（リンドラー）触媒では，アルキンの水素化は (*Z*)-アルケンで止まります。一方，Birch（バーチ）還元では (*E*)-アルケンが生成します（2-9-5 参照）。

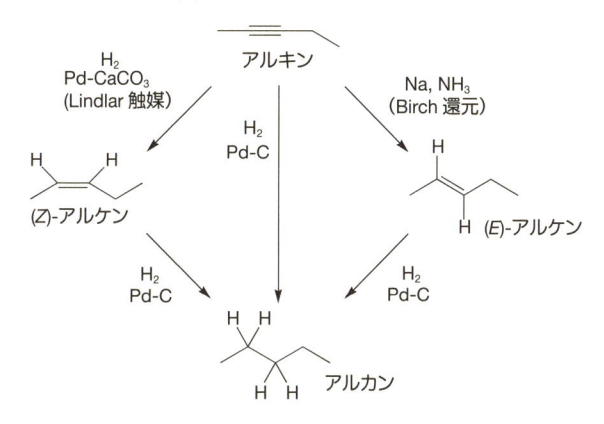

図 2-23．アルキン，アルケンの還元反応

2-6. 芳香族化合物と求電子置換反応

ベンゼン誘導体は特徴的な香りをもつものが多いですが，他の C=C 結合とは異なる反応性を示すため，芳香族化合物として区別されています。

図 2-24. 芳香族化合物の例

ベンゼン	ナフタレン	アントラセン	フラン
π電子数 6	10	14	6
ピリミジン 6	プリン 10	インドール 10	シクロペンタジエニルアニオン 6

2-6-1. 芳香族性

　芳香族の性質（芳香族性）を示すためには，平面で環状につながったπ電子雲をもち，そのπ電子数が 4n + 2 個であることが必要です（Hückel（ヒュッケル）則）。多環性，5員環，ヘテロ原子をもつもの（複素環とよびます）など，条件を満たせばみな芳香族です。

2-6-2. 求電子置換反応

　ベンゼン環はπ電子雲が δ^- 性を帯びているので，δ^+ 性の分子がベンゼン環の電子を求めて「求電子」付加します（律速段階）。共鳴安定化したカチオン中間体から脱プロトン化でベンゼン環が再生し，置換反応になります。

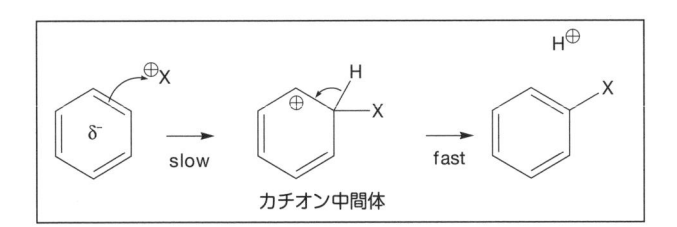

図 2-25. ベンゼンへの求電子置換反応機構

　求電子置換反応の代表例を図 2-26 にあげました。安定なベンゼン環を反応させるためには，強力な求電子性分子を用いる必要があります。その活性種を右に挙げましたが，いずれも反応性の大きいカチオンです。たとえばブロモ化では，Br_2 に触媒（$FeBr_3$）を加えて強力な $Br^{\oplus}$ をつくり出しています（2-5-1 参照）。

第 2 章　有機化学反応

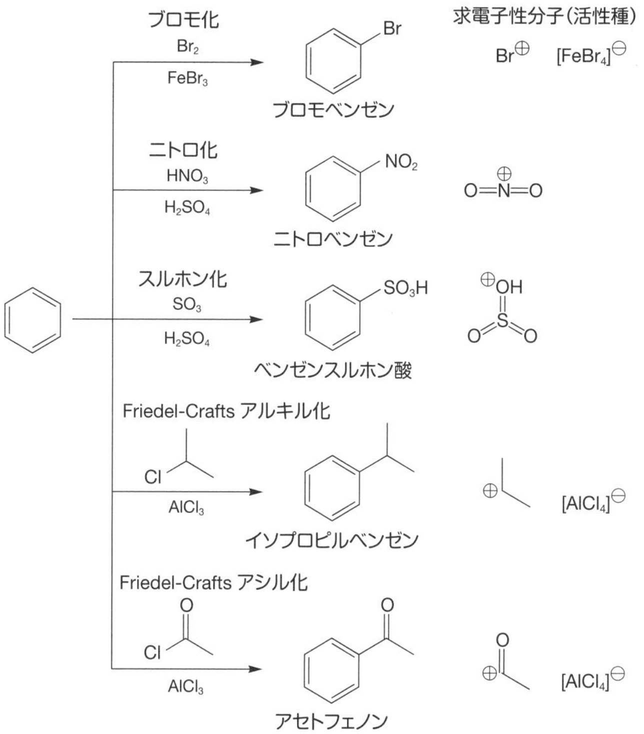

図 2-26. ベンゼンの求電子置換反応の例

> **頻出例題2-9** 酸性の重水（$D_3O^⊕$）中でベンゼン（C_6H_6）から重ベンゼン（C_6D_6）が生成する機構を書け（D は重水素 ^2H）。
>
> **解答** 図 2-25 と同じ機構で進む平衡反応です。

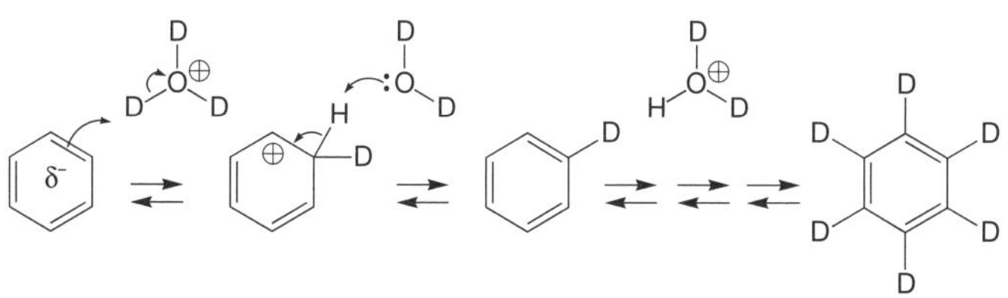

2-6-3. 置換基効果（2 回目の置換反応の速度と位置）

求電子置換反応の速度は，電子供与性基が付いたベンゼン環（電子密度 δ⁻

性大）では速くなり，吸引性基では遅くなります。そして攻撃が起こる位置も異なります。位置は，置換基のある位置をイプソ（ipso）位，その隣からオルト（ortho）位，メタ（meta）位，パラ（para）位とよびます。

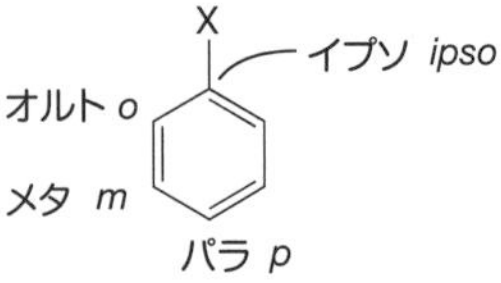

図2-27．ベンゼン環の置換位置の名称

A. オルト・パラ配向性で活性化する基

電子供与性置換基はベンゼン環を活性化し，オルト位とパラ位の反応性を高めます。図2-28のようにオルト位とパラ位の電子密度が高くなります。R効果が+I効果よりも強く働くので，アミノ基（$-NH_2$）基やヒドロキシ基の活性はメチル基よりも強くなります。

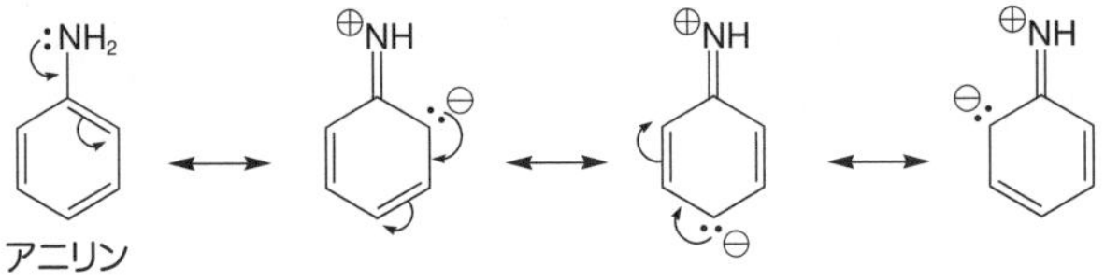

$-\ddot{N}H_2, -\ddot{O}H > -\ddot{O}CH_3 > CH_3, C_6H_5$

図2-28．オルト・パラ配向性で活性化する置換基とその強さ（電子供与性基）

B. オルト・パラ配向性で少し不活性化する基

電子吸引性置換基のハロゲンは，−I効果でベンゼン環の電子密度を下げますが，弱いながらR効果も示すため，オルト・パラ配向性になります。

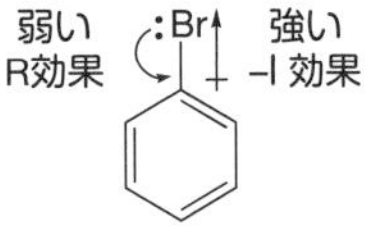

$-F, -Cl, -Br, -I$

図2-29．オルト・パラ配向性だが少し不活性化する置換基（ハロゲン）

C. メタ配向性で大きく不活性化する基

カルボニル基やニトロ基は，共鳴によりオルト位とパラ位の電子密度を大きく下げます。そこで，不活性ながらも相対的にメタ位の反応性が上がります。

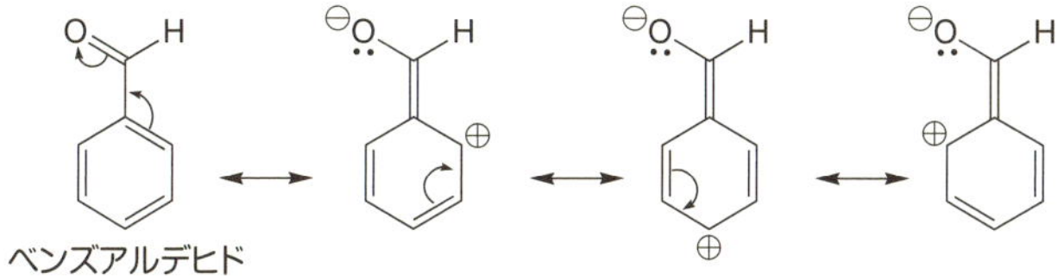

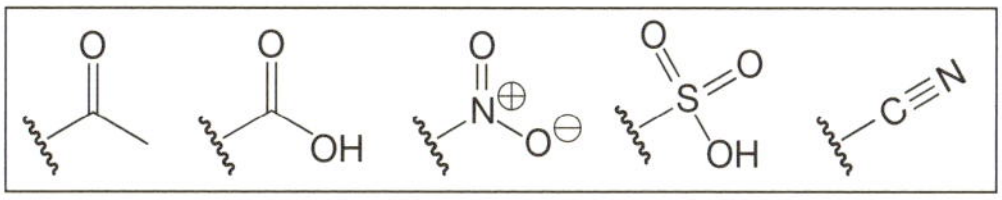

図2-30. メタ配向性で大きく不活性化する置換基（電子吸引性基）

頻出例題2-10 各ベンゼン誘導体について，次の求電子置換反応（ブロモ化）の位置を予想せよ。

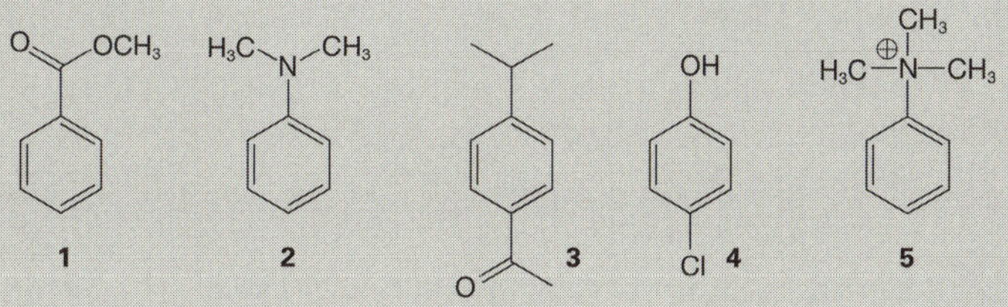

解答 **1**：エステルは電子吸引性ですから，メタ位です。**2**：ジメチルアミノ基は電子供与性なので，オルト体とパラ体の両方ができます。**3**：イソプロピル基のオルト配向性とアセチル基のメタ配向性が一致した位置です。**4**：両置換基の配向性は相反しますが，活性化の力が強いヒドロキシ基の配向性が支配します。**5**：トリメチルアンモニオ（Me_3N^+）基はカチオンなので電子吸引性，メタ配向性です。

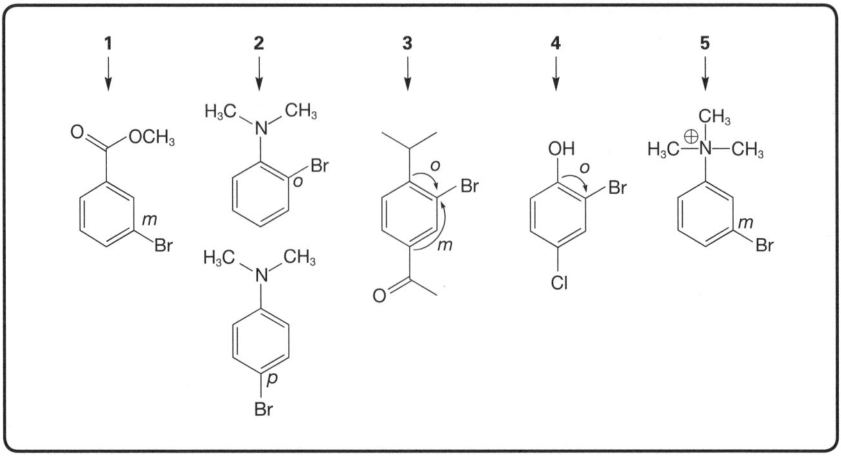

2-6-4. ベンゼン誘導体の酸化と還元

A. 酸化反応

　ベンゼン環はきわめて安定なため，酸化剤に対しても C=C 結合より不活性です。強い酸化剤では側鎖アルキル基が先に酸化されます。トルエンからは安息香酸が生成します。

　フェノールやヒドロキノンは比較的容易に酸化されて p-ベンゾキノン（キノン類）になります。p-ベンゾキノンは弱い還元剤でヒドロキノンに還元されます。

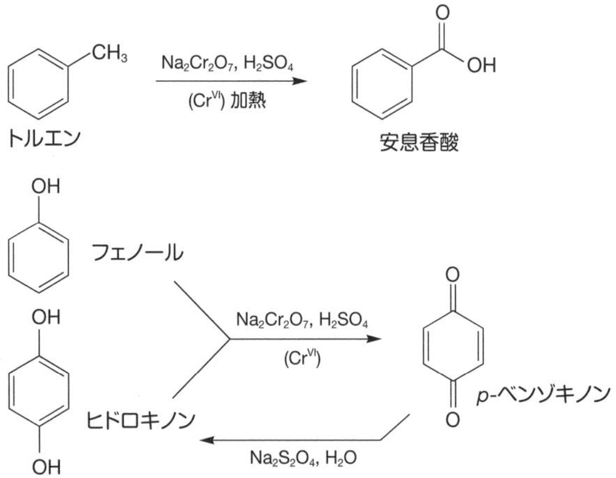

図 2-31．ベンゼン誘導体の酸化反応

B. 還元反応

ベンゼン環は安定なので，接触水素化で還元するためには，C=C 結合の場合に比べてはるかに激しい高温高圧条件が必要で，シクロアルカンが生成します。ただし，高活性な Adams（アダムス）触媒（PtO_2）を用いれば常温常圧で行うことが可能です。液体アンモニア中で 0 価の金属を用いる Birch 還元では，一部だけ還元が進行したジエンを得ることができます（2-9-5 参照）。

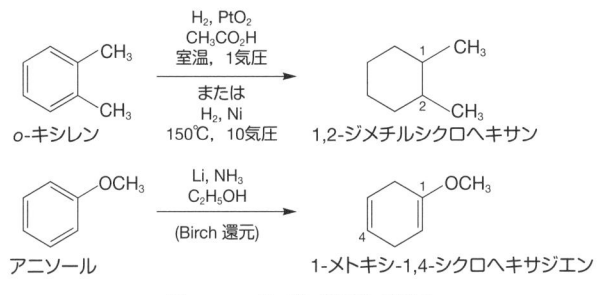

図 2-32．ベンゼン誘導体の還元

2-7. カルボニル基の反応

アルデヒド，ケトンやエステルなど，重要かつ反応性に富む化合物にはカルボニル（C=O）基が含まれます。カルボニル基は，電子豊富な O 原子と電子不足な C 原子との二重結合で形成されており，さまざまな反応の主役となります。とくに生体内の穏やかな環境においては，カルボニル化合物とその反応を触媒する酵素の働きが重要になります。本章では，カルボニル基を含むさまざまな官能基について，酸性および塩基性条件での反応を学びましょう。

2-7-1. カルボニル基の性質

カルボニル基の形は C=C 結合とよく似ています。C，O 両原子とも sp^2 混成軌道であり，π 結合が σ 結合とローンペアのある平面の上下に存在します。電気陰性度の差により，C–O 結合と同じく分極していますが，π 電子が動きやすいため，より反応性に富んでいます。π 電子が O 原子のローンペアになる共鳴構造を書くことができます。

カルボニル化合物は置換基の種類によって大きく性質が異なります。表 2-2 に代表的な官能基の性質を一覧にしました。カルボニル炭素の電気陽性($δ^+$ 性)

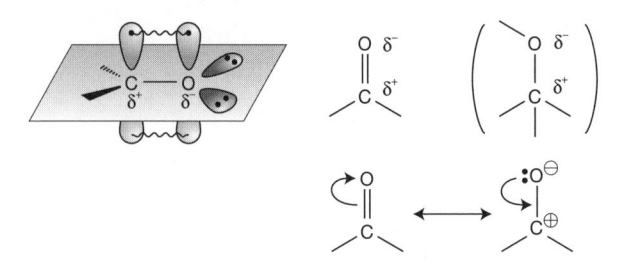

図 2-33. カルボニル基の構造

表 2-2. カルボニル化合物の種類と性質

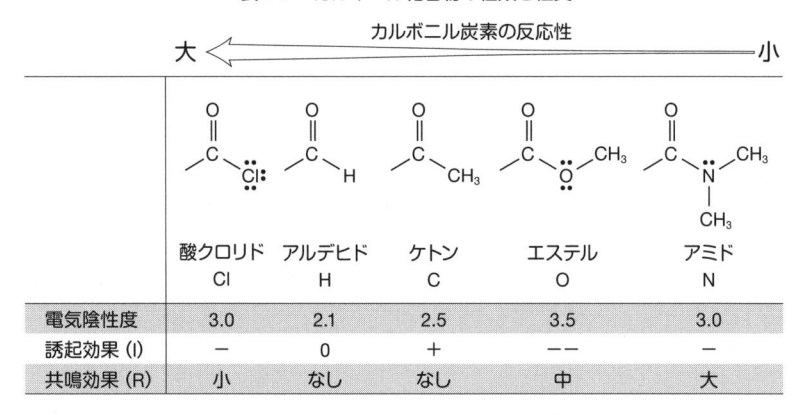

カルボニル炭素の反応性　大 ← → 小

	酸クロリド Cl	アルデヒド H	ケトン C	エステル O	アミド N
電気陰性度	3.0	2.1	2.5	3.5	3.0
誘起効果 (I)	−	0	＋	− −	−
共鳴効果 (R)	小	なし	なし	中	大

が増すほど反応性は大きくなります。

①酸クロリドは，電気陰性度の大きな Cl 原子による −I 効果を受けていますが，R 効果は小さく，反応性が大きくなります。

②アルデヒドに比べてケトンは，電子供与性のメチル基の影響（＋I 効果）によってカルボニル炭素の δ⁺ 性が弱くなっています。

③エステルの O 原子は，電気陰性度は大きいもののローンペアによる R 効果も大きく，トータルではカルボニル炭素を不活性化しています。アミドのローンペアはとくに共鳴しやすく，さらに活性は小さくなります。アミドの C−N 結合は図のように二重結合性を帯びており，タンパク質の立体構造を保つために重要な働きをしています（3-3-5 ペプチド参照）。

このように，カルボニル基の反応性は，置換基I効果とR効果のバランスによって変化しますが，大抵はR効果のほうが支配的です。

頻出例題2-11 酸無水物の反応性がエステルより大きい理由を説明せよ。

酸無水物

解答 酸無水物では，中間のO原子の効果は半減します。エステルに比べて，支配的であったR効果の影響がより小さくなるので，−I効果の影響が相対的に大きくなります。また，共鳴構造式を書けば，C原子のδ⁺性がよくわかります。図2-6のように，脱離基の安定性を比べるとわかりやすいです。実際，酸無水物の反応性は酸クロリドとアルデヒドの中間程度です。

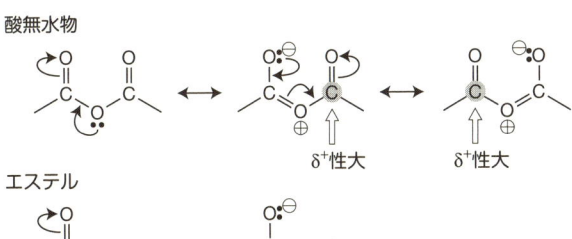

酸無水物

δ⁺性大　　δ⁺性大

エステル

	酸クロリド	酸無水物	エステル	アミド
脱離基の脱離性	$^{\ominus}Cl$ ≫	$^{\ominus}OCCH_3$ (O) >	$^{\ominus}OCH_3$ ≫	$^{\ominus}N(CH_3)_2$
共役酸のpK_a値	−7.0	4.8	15	36

2-7-2. カルボニル基の反応

カルボニル基の反応は，カルボニル炭素への求核攻撃と，α-炭素（C_α：カルボニル炭素の隣の炭素原子）からの求核攻撃の2つに分けられます。それぞれ酸性および塩基性条件で速やかに進行します。

①酸性の場合は，はじめにカルボニル基がプロトン化（活性化）される必要があります。そこにδ⁻性の塩基や求核性分子が攻撃します。

②塩基性では，中性のカルボニル化合物に，負に帯電した塩基や求核性分子

(1) 酸性の場合

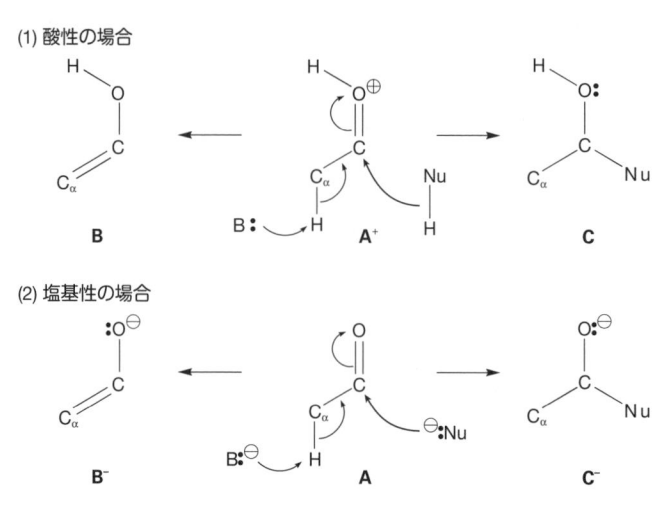

図2-34. 酸性・塩基性でのカルボニル基の基本反応

が攻撃します。

このように，酸性・塩基性いずれも電荷が一段階ずれているだけで，同様の機構で進みます。

2-7-3. 酸性条件での反応

生体内の中性に近い穏やかな環境では，有機化学反応はなかなか進行しません．それを助ける**酵素触媒による反応はカルボニル基の活性化をきっかけに進むものが多く**，「酸性でのプロトン化（図2-34 (1)）」からはじまる反応とよく似ています．これから学ぶ酸触媒反応のほとんどは，同様の機構で進みます．また，酸性条件でのほとんどすべての反応は可逆です．以下，必要に応じて逆反応矢印も示しています．

A. 求核置換反応

求核性分子が攻撃して脱離基と交換（置換）する反応であり，S_N2 反応と似ています．ただし，電子移動の容易なカルボニル基が関与することで，より攻撃と脱離が起きやすくなっています．求核置換が起きるのは，酸クロリド，カルボン酸，メチルエステルにアミドです．脱離基のないアルデヒドとケトンでは，置換のかわりに付加反応が起きます（後述）．

生化学反応では，アミド，エステルとカルボン酸の変換がとくに重要です．では，メチルエステルが加水分解を受けてカルボン酸になる反応を見てみま

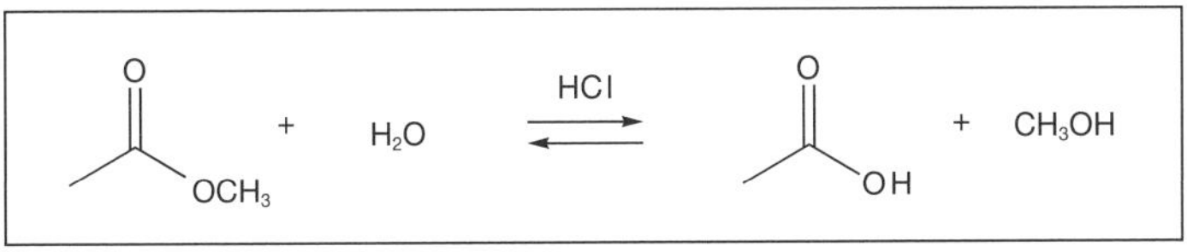

図 2-35. 酸性条件下のメチルエステル加水分解反応（可逆）

しょう。

　この反応では，酸触媒に塩化水素（塩酸）を用いています。反応は以下の [1] 〜 [5] の 5 段階に分けて考えます。酸性反応は，ほとんどが [1] 〜 [6] で示した **6 種類**[11] **の基礎反応**から成り立っています。この機構図ではクロロアニオン（Cl$^{\ominus}$）が出てきませんが，酸性の反応では，とくに必要がないかぎりアニオン（負電荷）を省略します。**各段階には正電荷が 1 つだけ**存在します。そして**常にローンペアがカチオンの正電荷を補うように攻撃する**ことに注目してください。

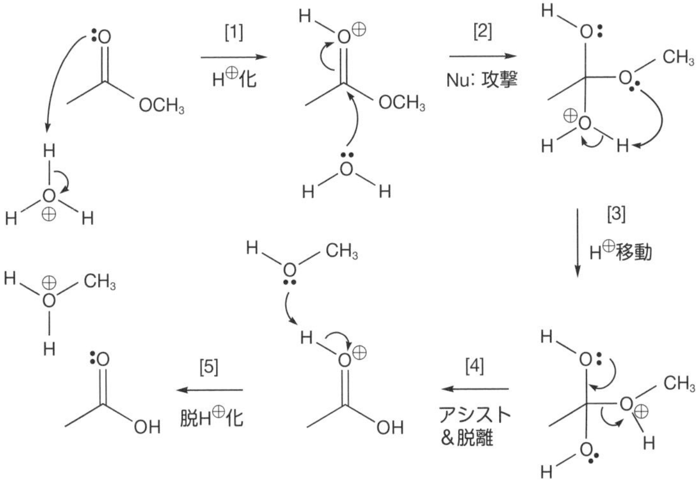

図 2-36. メチルエステル加水分解反応の機構

[1] プロトン（H$^{\oplus}$）化
　酸性の反応は，**例外なくプロトン化からはじまります**。最も電気陰性度の大

---

[11] ここに示した 5 種類のほかに [6] エノール化（2-7-3 C 参照）がある。

きいカルボニル酸素のローンペアがオキソニウムカチオンを攻撃し，プロトンを受け取ります。オキソニウムカチオン等の酸触媒を，略してH⊕と書くこともあります。

[2] 求核（Nu:）攻撃

カルボニル酸素が正電荷を帯びたため，カルボニル炭素はさらに＋性が大きくなっています。そこに H_2O のローンペアが攻撃し，π電子対はカルボニル酸素に移ります．

*注意点：カルボニル酸素はすでにオクテットになっているので，外部からローンペアを受け入れることができません（頻出例題 2-1 参照）。そのかわりπ結合軌道に供出していた電子対を自らのローンペアにすることで，電荷を正から中性に戻しています。

[3] プロトン（H⊕）移動

ヒドロキシ基からメトキシ基のローンペアにプロトンが移動しています。両者の共役酸の pK_a 値は同じくらいですから，移動は容易です。**脱離する基に正電荷をもたせる**ことが鍵になります。

[4] アシスト＆脱離

いよいよ反応機構のハイライトです。メトキシ基のO原子は正に帯電しており，結合電子対を引きつけて脱離しようとしています。これを助けるためにヒドロキシ基のローンペアがπ電子になってアシストします。部分的にはE2，E1脱離反応と似ています。

[5] 脱プロトン（H⊕）化

最後は CH_3OH（H_2O でもよい）にプロトンを移して目的物の完成です。それぞれの工程において，反応を進める力は**電子不足を補う**ことに尽きます。電子を補う向きを右向きの反応にして説明してきましたが，左向きに進んでも矛盾はありません。すなわち酸性条件の反応は可逆です。この場合 H_2O 過剰なら右向き，CH_3OH 過剰なら左向きです。

頻出例題2-12 図 2-36 の逆反応である，カルボン酸のメチルエステル化反応の機構を書け（[1] 〜 [5] の同じ段階を通る）。

$$CH_3COOH + CH_3OH \xrightarrow{HCl} CH_3COOCH_3 + H_2O$$

解答 可逆反応ですから，図 2-36 の下段左から右に，電子移動を逆にたどります。

B. アセタール交換反応・イミノ化反応

アルデヒド，ケトンでは，求核攻撃に続いてカルボニル酸素が交換する反応が起きます。これにはアセタール交換反応とイミノ化反応があります。図 2-37 のように，ケトンとアルコールは酸触媒存在下ヘミアセタールを経てアセタールを形成します。同じくアミンとはヘミアミナールを経てイミン（imine）となります[12]。イミンは Schiff（シッフ）塩基とよばれ，生体内で重要な働きをしています（4 章参照）。同じ仲間にケトン水和物やアミナールがありますが，通常は不安定で生成しません。

反応機構は求核置換反応とほぼ同じです（図 2-38）。

[1] プロトン（H⊕）化
[2] 求核（Nu:）攻撃

---

[12] この反応は微酸性条件下で行う。強酸性ではアミンが完全にプロトン化されて求核性を失ってしまうためである。

図 2-37. ケトンの関連化合物

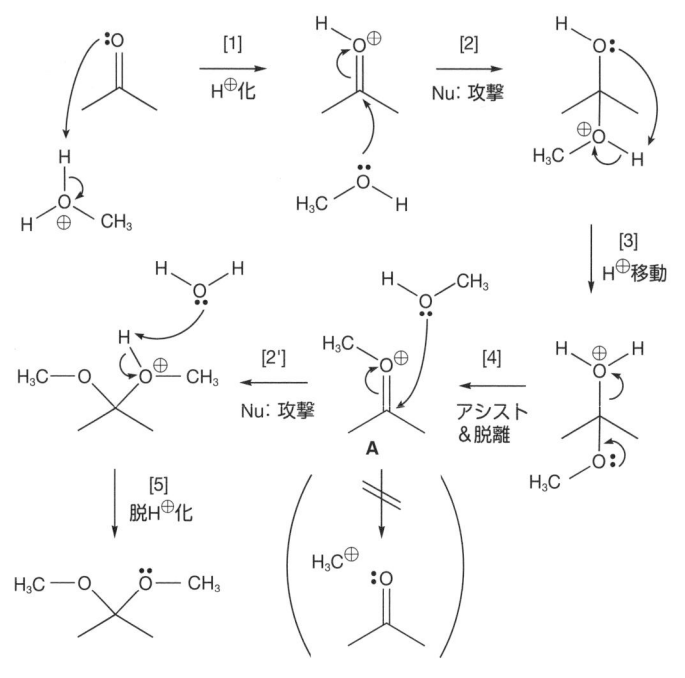

図 2-38. アセタール交換反応の機構

[3] プロトン（H$^\oplus$）移動：脱離するヒドロキシ基に正電荷が移ります。
[4] アシスト＆脱離：擬似カルボニル化合物 **A** が生じます。
[2'] 求核（Nu:）攻撃その2：不安定な脱 CH$_3^\oplus$ 化は起きず，かわりに

CH₃OHが2回目の攻撃をします。

[5] 脱プロトン（H⊕）化：生成物をジメチルアセタールとよびます。

頻出例題2-13 (1) アセトンとメチルアミン（CH₃NH₂）からメチルイミンが生成する酸触媒機構を書け。
(2) 2級のジメチルアミンを用いるとイミンではなくエナミンになる理由を述べよ。
(3) また，3級アミン［(CH₃)₃N］を用いた場合はどうか。

$$\text{イミン} \xleftarrow{(1) \; CH_3NH_2} \text{ケトン（アセトン）} \xrightarrow{(2) \; (CH_3)_2NH} \text{エナミン}$$

解答 (1) 図2-38や頻出例題2-12と比べてください。まったく同じステップで進んでいます。

(2) 2級アミンを用いた場合，イミニウムカチオンのN原子の正電荷を解消するために（CH₃⊕は外れないので！）α-位のH⊕が脱離してエナミンになります。これは後述するケトンのエノール化[6]に相当します。

(3) 3級の場合，同じくCH₃⊕が外れないので，元に戻るだけです。

C. カルボニル基のα-位での反応

a) ケト＝エノール平衡

カルボニル化合物は，ケト（keto）型とエノール（enol）型の平衡で存在しています（図2-39, 式（1））。通常ケト型とエノール型の存在比率は$10^7：1$程度で，この平衡反応は酸あるいは塩基で触媒されます。エノール型は式（2）のような共鳴構造をとり，α-炭素が求核攻撃をすることができます。

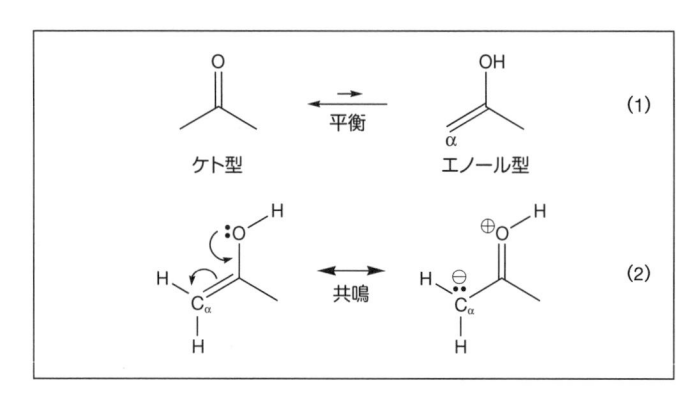

図2-39. ケトンのケト＝エノール平衡（1）とエノールの共鳴構造（2）

b) アルドール反応

アルドール（aldol）反応は，アセトアルデヒド2分子が反応してできる化合物をアルドールとよぶことからこの名前が付きました。激しい条件では，さらに脱水反応が起きてクロトンアルデヒドとなります。この場合はアルドール縮合[13]とよびます。可逆反応ですが，アルドールは分子内水素結合，クロトンアルデヒドは共役二重結合の存在によって安定化することが反応の進む大切な要因です。

---

[13] 縮合　2分子が水やアルコール等を放出して1分子となる反応。

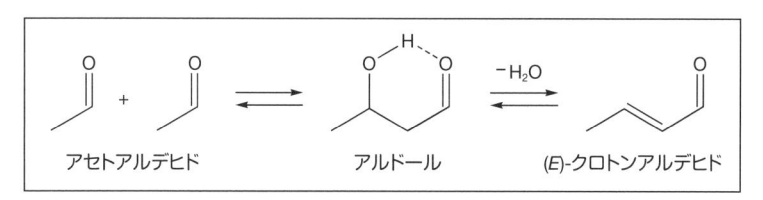

図 2-40. アルドール縮合

アセトアルデヒドの一方が求核性分子，他方が求電子性分子の働きをします。まずプロトン化 [1] が起きて **A**，さらにエノール化 [6] して **B** となります（図 2-41）。逆反応の矢印は必要のない限り省略します。

そして **B** から **A** への求核攻撃 [2] が起きます。**B** からの電子対の攻撃は，

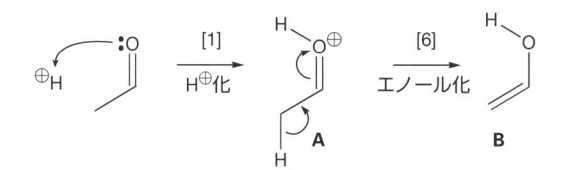

図 2-41. アルドール反応の機構 1 〜エノール化

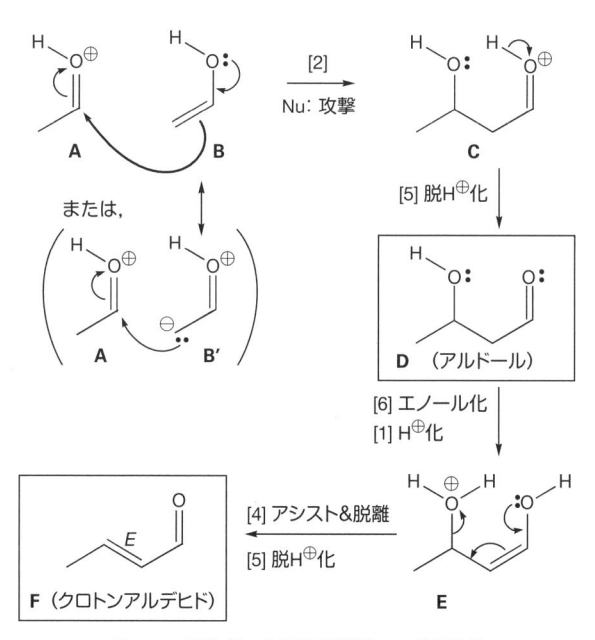

図 2-42. アルドール反応の機構 2 〜求核付加

共鳴構造式 **B'** を経由させるとわかりやすいでしょう。脱プロトン化 [5] すればアルドール（**D**）になります。また、**D** からエノール化 [6] とプロトン化 [1] で **E**、続いてアシスト＆脱離 [4] と脱プロトン化 [5] すれば、クロトンアルデヒド（**F**）が得られます。二重結合は安定な (*E*)-型が優先します。一般に共役二重結合ができる場合には脱水反応が起きやすくなります。

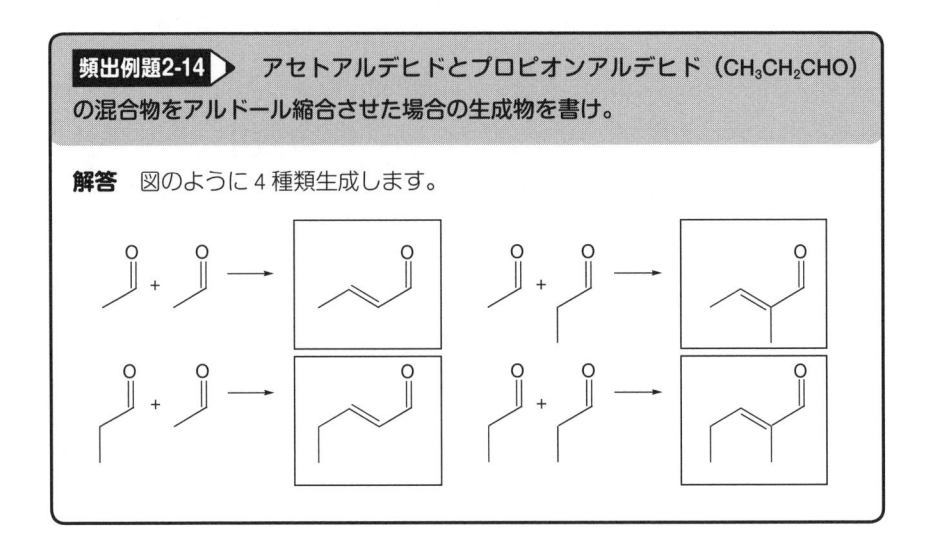

頻出例題2-14 アセトアルデヒドとプロピオンアルデヒド（CH₃CH₂CHO）の混合物をアルドール縮合させた場合の生成物を書け。

解答 図のように4種類生成します。

---

c) エナミンの反応

エノールは反応性が小さく、α-位での S_N2 反応は起きにくいです。かわりにより反応性の大きいエナミン（enamine、エノールの酸素が窒素に置き換わっている。頻出例題2-13）を用いる方法があります。

図2-43. エナミン形成とアルキル化反応

i) エナミン形成：ケトンと1級アミンからはイミンが生成しましたが、2級アミンを用いるとエナミンとなります。**A** から **D** までは同じ [1] 〜 [4]

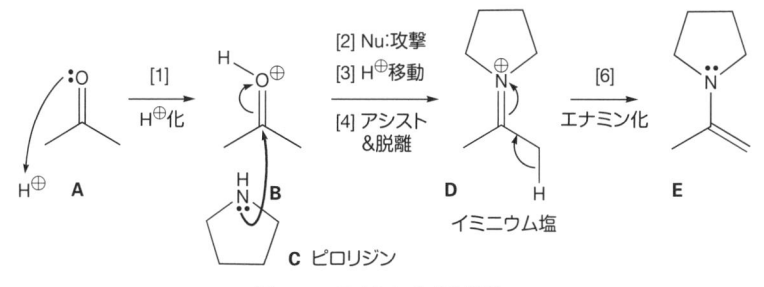

図 2-44. エナミン生成の機構

ですが，**D** はイミンではなくイミニウム塩であり，不安定な正電荷を解消するべく脱プロトン化してエナミン **E** となります [6]。逆反応矢印は省略しました。

ii) アルキル化反応：N 原子のローンペアは，相当するエノールの O 原子よりも供与性が大きいため，エナミン **E** の α-炭素からブロモメタンの炭素に S_N2 反応が起きます。生じるイミニウム塩 **F** を酸性水溶液中で加水分解（図 2-44 の **D** から **A** への逆反応）することにより，目的とする α-位がメチル化されたケトン **G** が得られます。

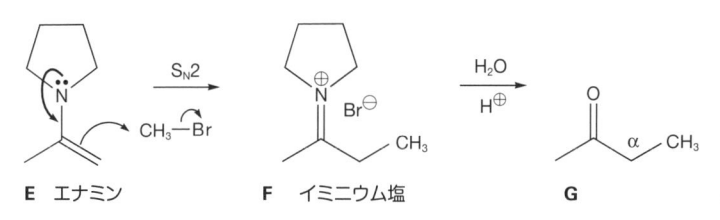

図 2-45. エナミンのアルキル化反応の機構

2-7-4. 塩基性条件での反応

塩基性でも酸性条件と同様の反応が起きます。(1) カルボニル炭素が求核攻撃を受けるか，(2) α-炭素が攻撃するかの 2 通りです。酸性との違いは，アセタール交換反応は起きず，求核付加反応が加わることです。反応機構も同様ですが，全体の電荷が 1 段階ずれています。

A. カルボニル基への求核付加・求核置換反応

図 2-46 に一般式を示しました。電気陽性のカルボニル炭素（**A**）に負電荷をもった求核性分子が攻撃し **B** となります（酸性条件と同じ分類で [2] です）。ここで，脱離性のよい基 L が存在すれば，**B** は負電荷を解消して **C** になるこ

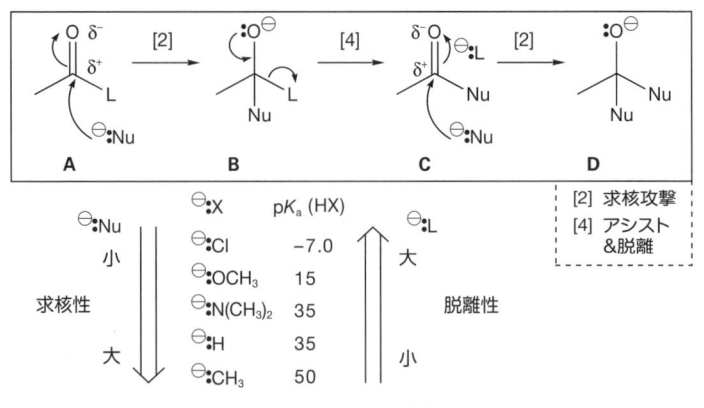

図 2-46. 塩基性求核反応の一般式

とができます（[4] アシスト＆脱離）。**C** に再び求核攻撃 [2] が起きれば **D** です。このように求核性分子や脱離基の種類によって，求核付加反応（→ **B**）と求核置換反応（→ **C**），求核置換－付加反応（→ **D**）が起きます。求核性と脱離性の大小は，共役酸の pK_a を目安に知ることができます（図 2-6 参照）。

a) カルボニル基の還元反応

求核性分子がヒドリド $H:^{\ominus}$ の場合は還元反応になります。アルデヒド・ケトンにはヒドリドが1回，エステル（カルボン酸誘導体）では2回攻撃します。強い還元剤である水素化アルミニウムリチウム（$LiAlH_4$）がよく用いられます。水素化ホウ素ナトリウム（$NaBH_4$）は還元力が弱く，エステルとは反応しません。ボラン（BH_3）の空軌道にヒドリドが入り込んだ sp^3 混成軌道の正四面体構造をしています。

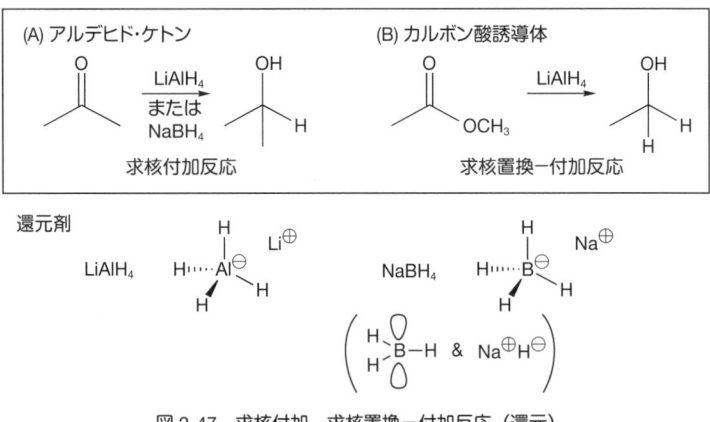

図 2-47. 求核付加，求核置換－付加反応（還元）

(A) アルデヒド・ケトンでは，電子不足のカルボニル炭素 **A** がヒドリドの攻撃を 1 回受けた **B** で反応は停止します．実験では，塩基性の反応液を酸性の水で中和して生成物を取り出す必要があります．これを後処理とよびます．中和されたアルコールが **C** です．

(B) エステルでも同様な反応が起きますが，**E** から比較的安定なメトキシドアニオンが脱離すると，カルボニル基が再生してアルデヒド **F** となります．**F** は **D** よりも反応性が大きいため，反応はさらに進んで **G** が得られます．

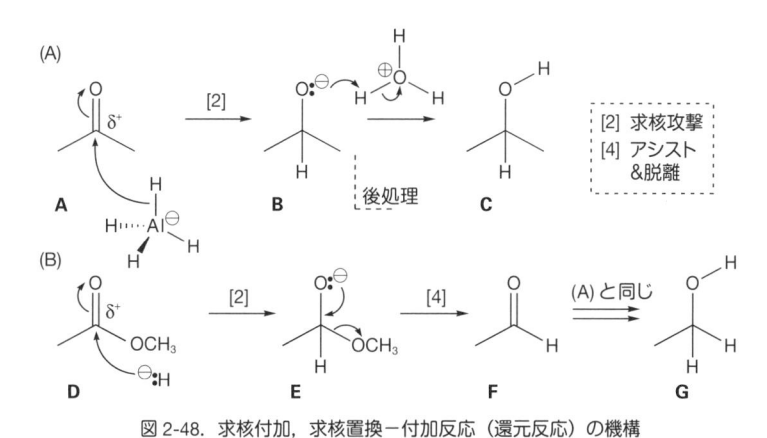

図 2-48．求核付加，求核置換－付加反応（還元反応）の機構

b) カルボニル基のアルキル化反応

カルボニル化合物のアルキル化に Grignard（グリニャール）試薬を用います．これは，電子不足の C 原子全般に求核攻撃するアルキルアニオン（R:$^{\ominus}$）です．アルキルハライドと金属 Mg から生成します．たとえば CH_3MgBr は，CH_3Br

図 2-49．求核付加，求核置換－付加反応（アルキル化）

に Mg（0価）から最外殻電子2個が与えられてできます。Mg は安定な二価カチオンになり，不安定で反応性の大きい $^{\ominus}$:CH$_3$ が求核性分子になります。反応機構は，H:$^{\ominus}$ が R:$^{\ominus}$（アルキルアニオン）に換わるだけで (a) と同様です。

頻出例題2-15　図 2-49 の反応 (A)，(B) の機構を書け。

解答　図 2-48 とほぼ同じで，H:$^{\ominus}$ が $^{\ominus}$:CH$_3$ に置き換わっただけです。後処理を希塩酸で行えば，アルコールと MgBrCl が生成します。

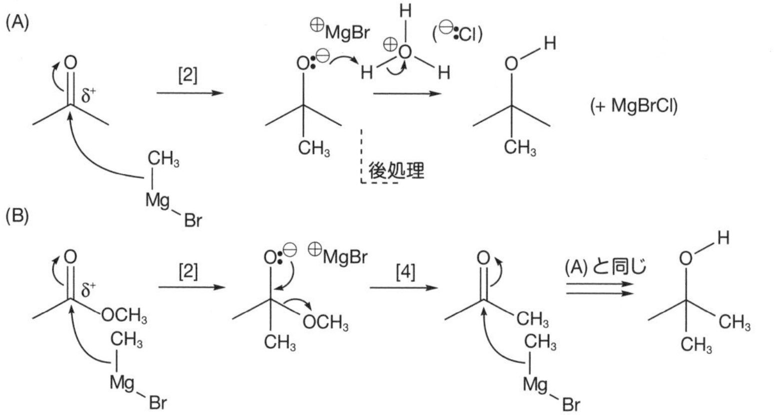

c) カルボニル基の求核置換反応（加水分解・エステル交換反応）

求核性分子が，水酸化物アニオン（HO:$^{\ominus}$）やアルコキシドアニオン（RO:$^{\ominus}$）の場合はどうでしょう。

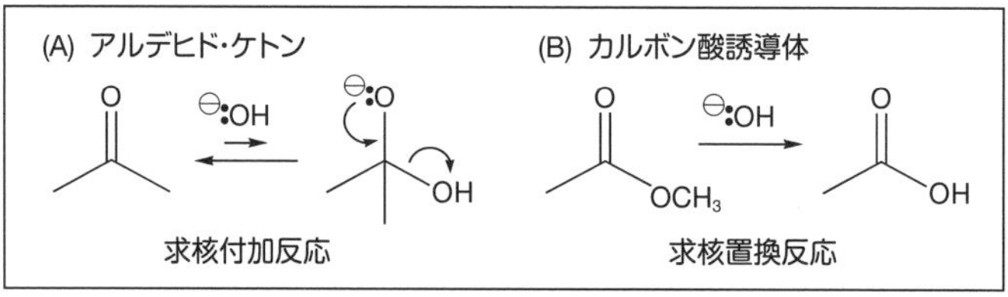

図 2-50. 求核置換反応（加水分解）

(A) のアルデヒド・ケトンの場合にも求核攻撃は起こります。しかしながらこの付加生成物は不安定であり，攻撃したヒドロキシ基が脱離して元に戻り

ます。

(B) 酢酸メチルに HO:⁻ が攻撃して中間体 **B** となります（図2-51-1）。2つの脱離基のうちヒドロキシ基が外れれば **A** に戻ります。メトキシ（$-OCH_3$）基が外れて **C** になるまでは平衡反応です。さて，生成物 **C** はカルボン酸ですから，塩基性の環境では解離して **D** になります。H_2O と酢酸の pK_a 差は 11 程度ありますから，この過程は不可逆です。**D** はアニオンですからもはや $CH_3O:^-$ の攻撃も起こりえず，結果的に全反応が右に進みます。このように，塩基性での反応の多くは酸性と異なり不可逆になります。

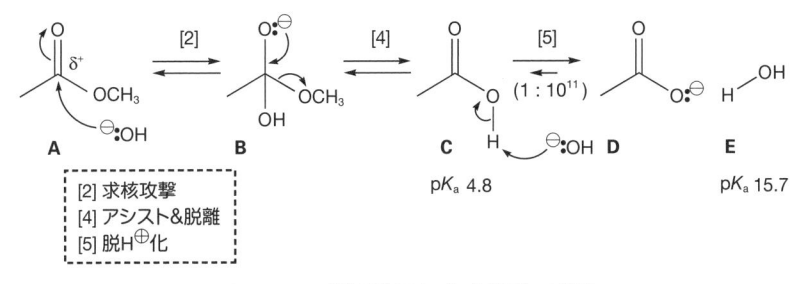

図 2-51-1. 求核置換反応（加水分解）の機構

d) その他（カルボン酸のエステル化（S_N2）反応）

図 2-51-1 の反応は不可逆なので，塩基性でのエステル化には，S_N2 反応を用います。たとえば，カルボン酸 **C** を塩 **D** にしてからヨードメタンで処理すれば，メチルエステル **A** が生成します。

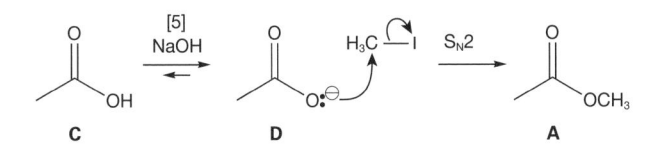

図 2-51-2. カルボン酸からエステルの合成

B. カルボニル基の α-位での反応

a) α-位プロトンの酸性度

カルボニル化合物では，α-位のプロトンが塩基で引き抜かれてエノラート (enolate, エノール enol の塩) になります。共役塩基であるエノラートの負電荷が2か所に非局在化すること[14]が，通常の C−H 結合に比べて酸性度が大き

---

[14] 負電荷のほとんどは O 原子上にある（O-エノラート）。負電荷が En の大きい O 原子上に存在できることも安定性の要因（1-10-1 参照）。ただしアルキル化は求核性の大きい C-エノラートで起こる。

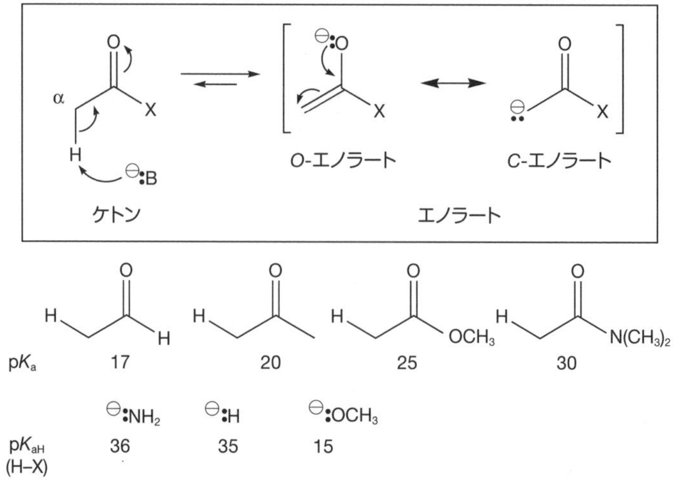

図2-52. エノラートの生成と共鳴構造，各種カルボニル化合物のpK_a値およびよく用いられる塩基

い理由です。

　各種カルボニル化合物のpK_a値を比べましょう。エノラートを発生させるためには，より強い塩基を用います。共役酸のpK_a値が30より大きいアミドアニオン（$H_2N:^{\ominus}$）やヒドリド（$H:^{\ominus}$）を用いれば，100％近くエノラートになります。ただし必要に応じてpK_a値の小さい塩基を用いることもあります。

b) α-位のアルキル化反応（求電子性分子＝アルキルハライド，S_N2反応）

　エノラートは反応性が大きく，α-位の炭素をアルキル化することができます。これはアルキルハライドの炭素上でのS_N2反応になります。

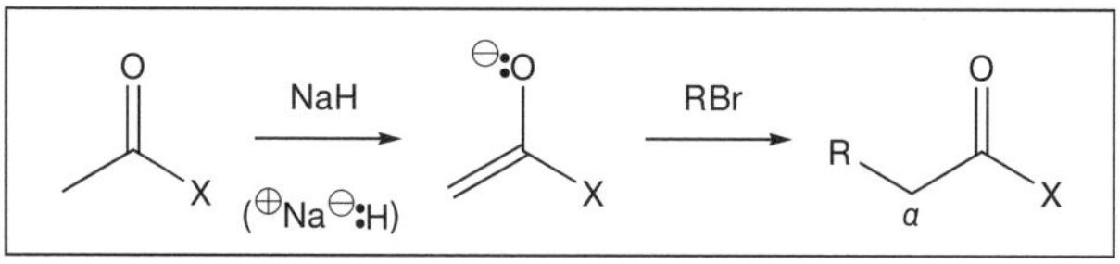

図2-53. ケトンのα-位でのアルキル化反応

　ここで用いた水素化ナトリウム（NaH）は，塩基としてのみ働き，求核性を示しません。対照的に，還元剤の水素化ホウ素ナトリウム（$NaBH_4$）は塩基性を示さず，両者を目的に応じて使い分けることができます（1-11参照）。

頻出例題2-16 化合物 (S)-1 がラセミ体に変化する反応の機構を書け。

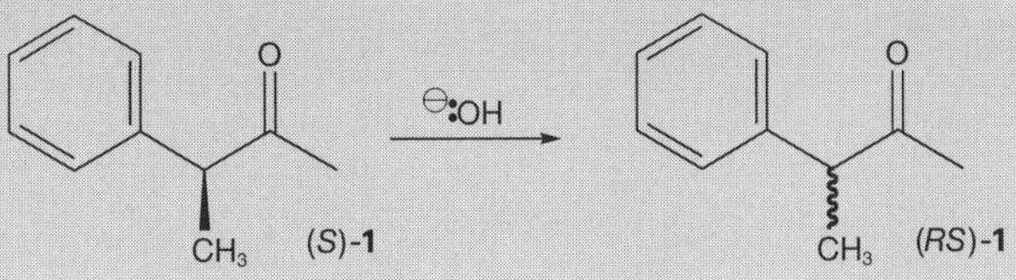

解答 脱プロトン化で生じるエノラート **2** に対し，H_2O は紙面両側から同じ確率で近づくことができます。表側でプロトン化される (R)-**1** と裏側からの (S)-**1** の割合は 1：1，すなわち最後はラセミ化します（ラセミ体になります）。

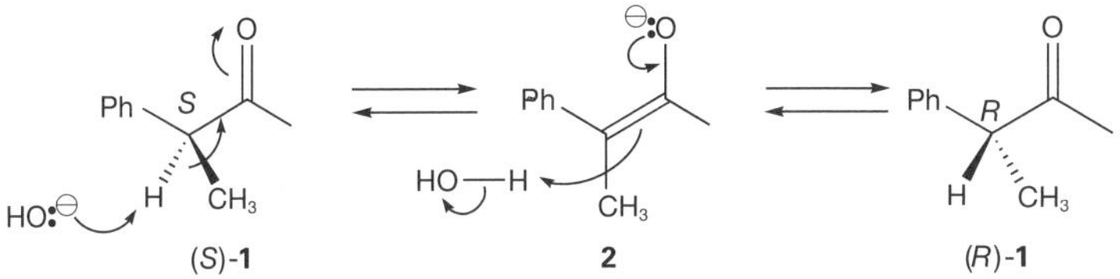

c) アルドール反応（求電子性分子＝ケトン・アルデヒド，求核付加反応）

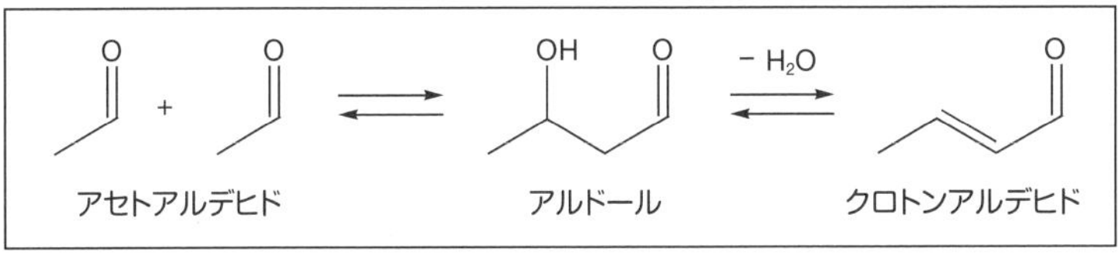

図 2-54．アルドール反応

酸性条件と同様に進行する，塩基性条件でのアルドール（縮合）反応の機構を見てみましょう。

 i) エノラート化（…酸性でのエノール化に対応します）[6]

アルデヒドの pK_a 17 よりも弱い水酸化物アニオン（pK_{aH} 15.7）を塩基に用いているため，**A** と **B** の平衡は **A** に偏っています。それは不利なようですが，わずかに生成するエノラート **B** は反応性が大きく，速やかに **A** を攻撃して消費されるので問題ありません。他の例として，水素化ナトリウム（pK_{aH} 35）などの強塩基であらかじめ十分量のエノラートを発生させておく方法もあります。

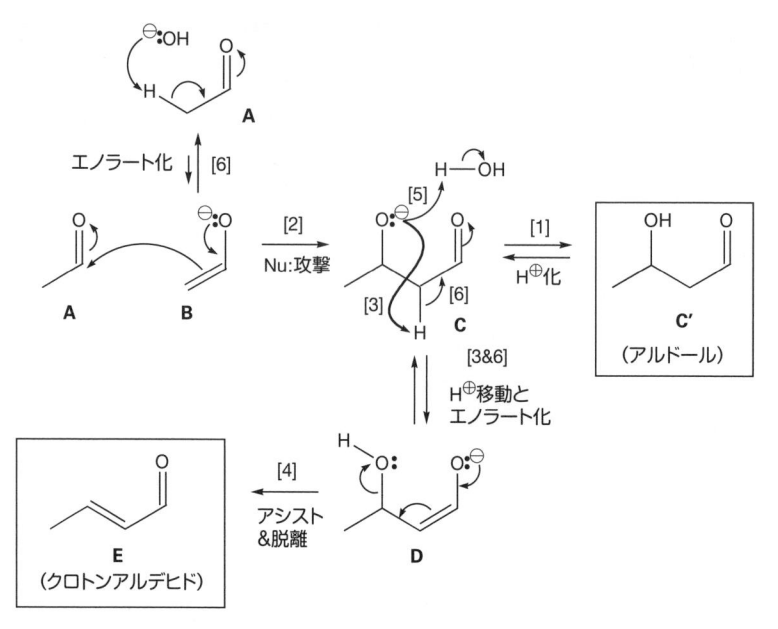

図 2-55. 塩基性アルドール反応の機構

ii) 求核 (Nu:) 攻撃 [2]

エノラート **B** は反応性が大きく、速やかに **A** のカルボニル炭素を攻撃します。生じたアルコキシドアニオン ($-O:^{\ominus}$) が単にプロトン化されれば、アルドール **C'** になります ([1])。

iii) プロトン ($H^{\oplus}$) 移動 [3] ＆エノラート化 [6]

激しい条件では、プロトンが分子内で移動した型のエノラート **D** が生成します。

iv) アシスト＆脱離 [4]

D がアルデヒドに戻る際に二重結合が移動して $HO:^{\ominus}$ の共役脱離反応が起きてクロトンアルデヒド (**E**) が生成します。

> **頻出例題2-17** ジケトン **1** を希 NaOH 水溶液中で撹拌して生じる「分子内アルドール縮合」生成物 **2** を書け。
>
> **1** (2,5-ヘキサンジオン) →[NaOH, H₂O] **2**

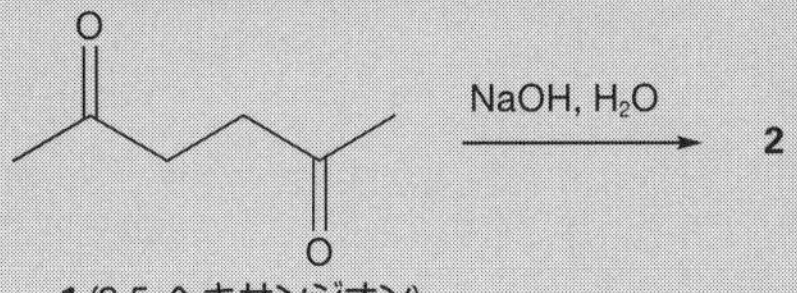

解答 カルボニル基の一方がエノラートになり [6]，分子内[15] で求核攻撃が起きます [2]。後は図 2-55 と同様に脱水して，5員環エノンが生成します。

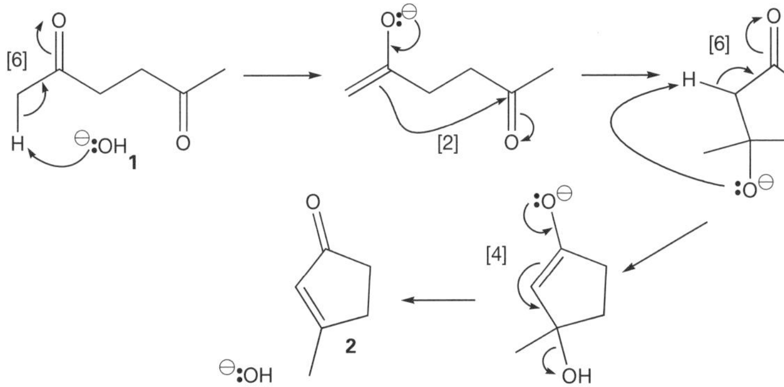

d) Claisen（クライゼン）縮合（求電子分子＝エステル，求核置換反応）

Claisen 縮合は，カルボン酸エステル 2 分子が縮合して β-ケトエステルが生じる人名反応です。この反応は，アルドール反応のエステル版ですが，脱離性のよいアルコキシ基があるため，求核置換反応になります。

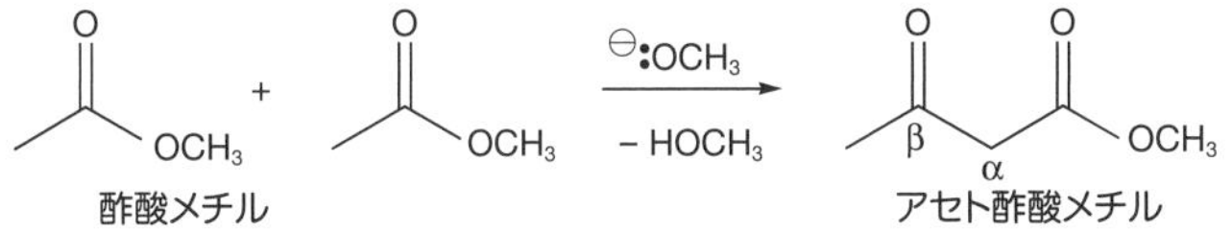

酢酸メチル ＋ 酢酸メチル →[⁻:OCH₃, − HOCH₃] アセト酢酸メチル

図 2-56. Claisen 縮合

この反応の機構もアルドール反応と似ています（図 2-57）。

---

[15] 分子内反応は分子間反応よりはるかに速く進む。

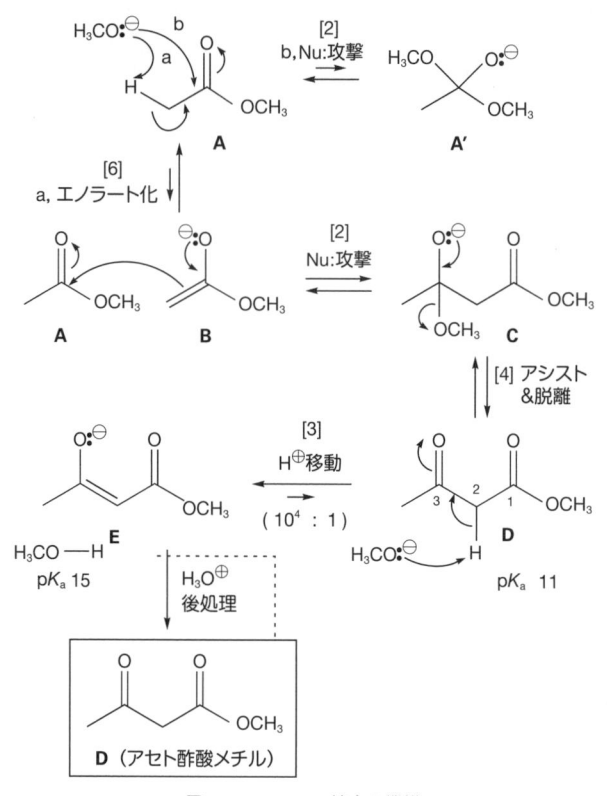

図 2-57. Claisen 縮合の機構

i) エノラート化 [6]

酢酸メチルは pK_a 25 ですが，ここでも pK_{aH} 15 と小さいメトキシドアニオンを用います。O 原子上の負電荷は塩基性と求核性をもっています。もしも **A** に求核攻撃が起きれば **A'** となりますが（経路 b[2]），メトキシドアニオンが脱離して元の **A** に戻るだけです。塩基として働けば（経路 a）エノラート **B** です。

ii) 求核攻撃 [2]

B が **A** を攻撃すると **C** が生成します。

iii) アシスト＆脱離 [4]

C からメトキシドアニオンが脱離して求核置換反応が一旦完結し，目的物 **D** となります。ここまでは平衡反応です。

iv) $H^{\oplus}$ 移動 [3]

D のように 1,3-位のカルボニル基にはさまれた 2-位の H 原子は，二重

に活性化されているため，通常のケトンなどよりも酸性度が大きくなります（pK_a 11）。そこで，メトキシドアニオンにプロトンが移って共役安定化したエノラート **E** になります。この平衡が **E** に傾くため，反応全体は不可逆です。最後に酸性の水溶液で中和（後処理）すれば，目的物 **D** を取り出すことができます。

頻出例題2-18 この反応において，エトキシドアニオン（$CH_3CH_2O:^{\ominus}$）を塩基に用いると，目的物 **D** 以外にどのような副生物が生じるか考えなさい。

解答 エステル交換が起きた，アセト酢酸エチルが副生してしまいます。

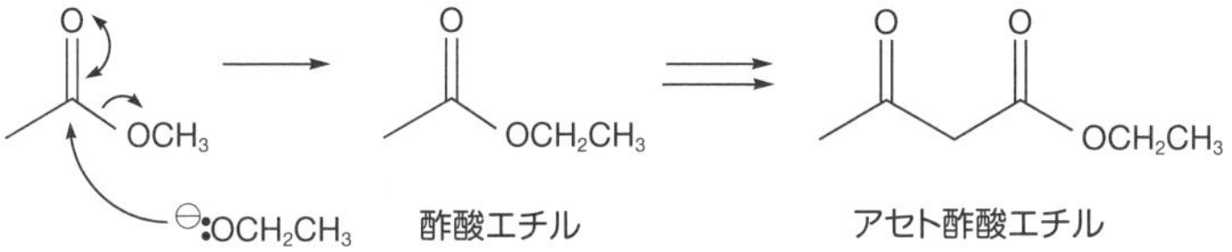

酢酸エチル　　　　アセト酢酸エチル

2-8. カルボニル基のかかわる酸化還元反応

2-5 では C≡C と C=C の酸化還元反応を述べました。本節ではカルボニル基のかかわる酸化還元反応を紹介します。酸化の度合いは，C 原子に結合した O（ヘテロ）原子数を目安にします。アルコールとアルケンは，脱水と水和反応によって相互変換できるので，酸化の度合いは同じとみなします[16]。

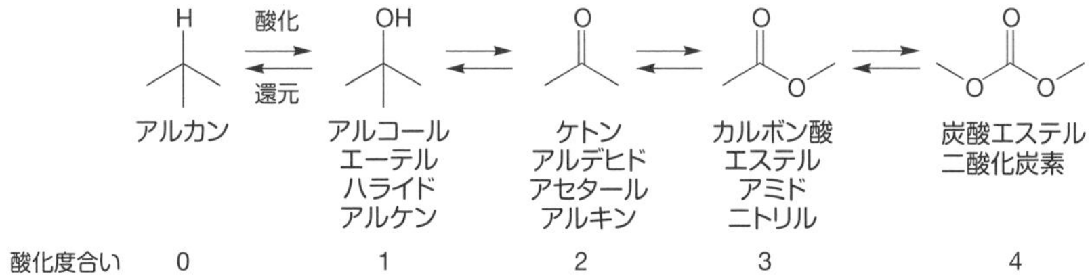

アルカン	アルコール エーテル ハライド アルケン	ケトン アルデヒド アセタール アルキン	カルボン酸 エステル アミド ニトリル	炭酸エステル 二酸化炭素
酸化度合い　0	1	2	3	4

図 2-58. 有機化合物の酸化度合い

---

[16] アルカン類の酸化と炭酸エステル類は特殊なので本節では取扱わない。アルカンは飽和炭化水素の総称だが，本節では官能基が還元除去された化合物（部分構造）を示す。

2-8-1. 酸化反応

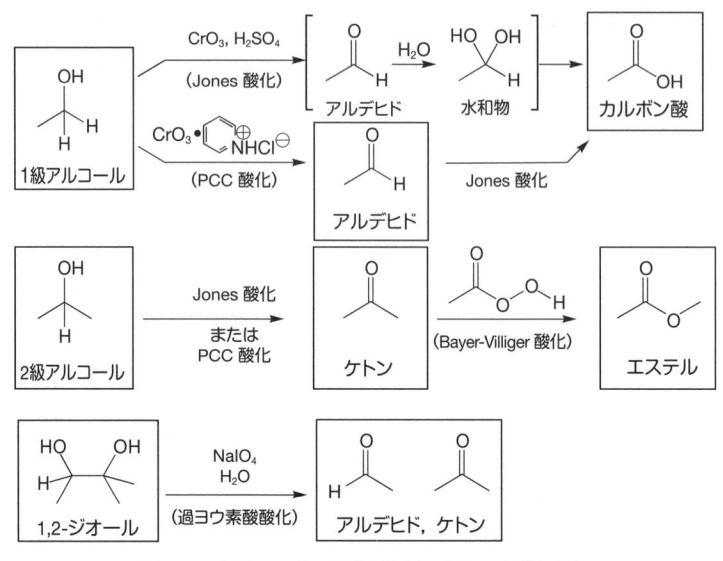

図 2-59. アルコール, アルデヒド, ケトンの酸化反応

A. Jones（ジョーンズ）酸化

クロム酸（VI価）と硫酸を混ぜたJones試薬は強力な酸化剤です。1級アルコールはアルデヒドから水和物を経てカルボン酸に酸化されます。2級アルコールがケトンに酸化される機構を示しました（図2-60）。クロム酸とアルコールから生じるクロム酸エステル上で，図のような電子移動（酸化／還元）が起こります。クロム酸はIV価に還元されています。

図 2-60. アルコール類の酸化反応機構

第2章　有機化学反応

B. PCC 酸化

PCC（pyridinium chlorochromate）は，クロム酸（VI価）にピリジンを加えて反応性を下げた試薬です。1級アルコールの酸化はアルデヒドで停止します。

C. 過ヨウ素酸酸化

ヒドロキシ基が隣り合った 1,2- ジオールは，過ヨウ素酸で酸化的に開裂し，2つのカルボニル化合物になります。Jones 酸化と同様な反応機構です（図 2-59）。

D. Baeyer-Villiger（バイヤー・ビリガー）酸化

転位を伴う酸化反応です。過酢酸の末端 O 原子がカルボニル基を求核攻撃します。酢酸の脱離に伴って，C(1)−C(2) 結合が切れて新たに C(2)−O 結合が形成します。環拡大が起きて7員環になっています。

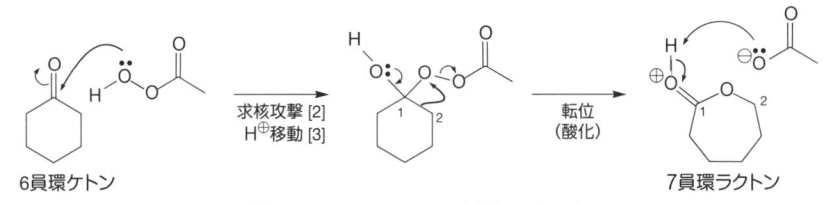

図 2-61．Baeyer-Villiger 酸化の反応機構

2-8-2. 還元反応

図 2-62 にカルボニル化合物の還元反応をまとめました。

A. ヒドリド還元反応

水素化アルミニウムリチウム（LiAlH$_4$）はヒドリド（H:$^\ominus$）を4つ備えた強力な還元剤で，水とも激しく反応して水素を放出します。ほとんどのカルボニル基を攻撃します（反応機構は図 2-48 参照）。通常，エーテルは反応しませんが，ひずみの大きいエポキシ環では，立体的に空いた側の C 原子を攻撃します。ハライドはアルカンにニトリルやアミドはアミンに還元されます。水素化ホウ素ナトリウム（NaBH$_4$）は穏やかな還元剤で，エステルやエポキシドには不活性です。水中でも比較的安定なので，還元的アミノ化反応に用いることができます（4-3-1 参照）。水素化ジイソブチルアルミニウム（DIBAL）はエステルの還元をアルデヒドで停止することができます。

B. その他

ケトンやアルデヒドのカルボニル基は，Clemensen（クレメンセン）還元や Wolff-Kishner（ウォルフ・キッシュナー）還元によって，アルカンに還元する

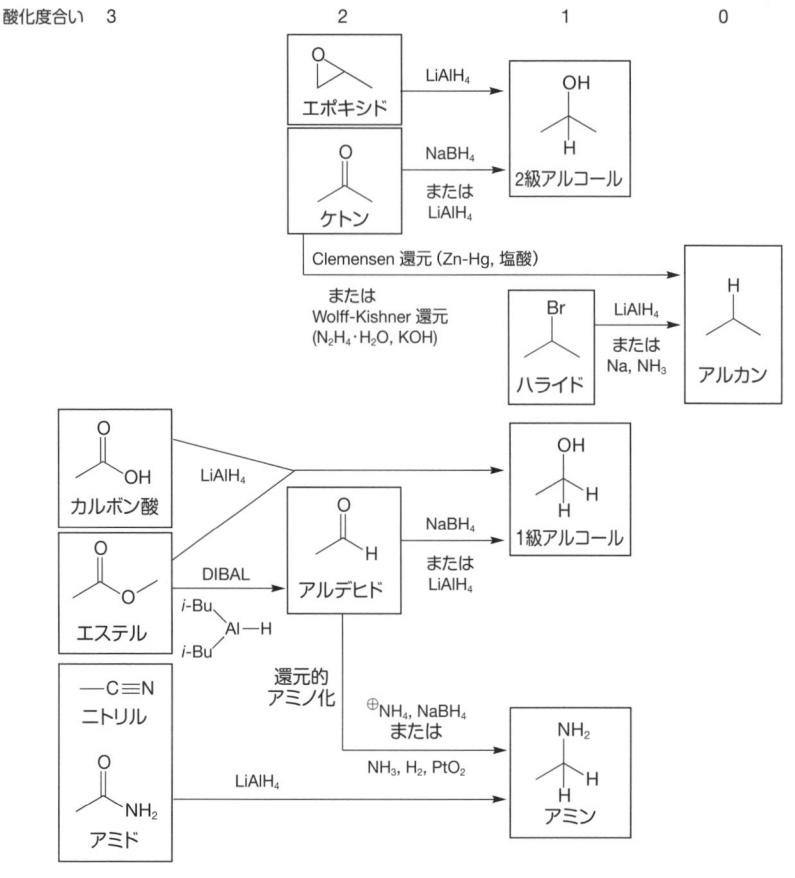

図 2-62. カルボニル基と関連する官能基の還元反応

ことが可能です。

2-9. ラジカル反応の基本

不対電子をもつ分子（原子）をラジカルとよびます。ラジカル反応は軌道の相互作用[17]が関与する反応です。

---

[17] ラジカルが反応して共有結合を形成する際に，生じる結合性軌道に電子が入って安定化することが反応の起こる要因（1-3-2 参照）。

2-9-1. ラジカルの構造

炭素ラジカルはカルボカチオンに電子が1つ入って，3つの置換基がわずかに平面からずれた構造を取っています。特殊な条件以外では，図2-63のように自由に反転していますので，反応は両面で起きます。本章では，ラジカル反応の基本形式と代表的な反応について簡単に説明します。

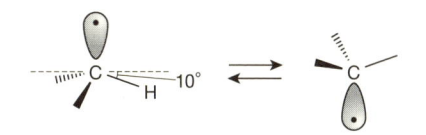

図 2-63. 炭素ラジカルの構造

2-9-2. ラジカル反応の種類

ラジカルはきわめて反応性が高く，ラジカル同士の反応の活性化エネルギーはゼロに近いため，反応速度は，両者がどのくらい早く衝突するかに依存しています（出会えば必ず反応が起きる！）。

主な反応形式を図2-64にまとめました。イオン性反応では常に2電子がペアで移動しましたが，ラジカル反応では1電子ずつです。

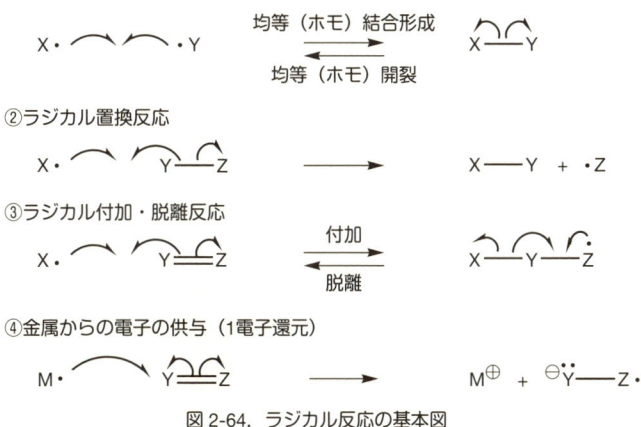

①ラジカル同士の結合形成（ラジカルカップリング反応）と開裂反応

X・　・Y　⇌　均等（ホモ）結合形成 / 均等（ホモ）開裂　X―Y

②ラジカル置換反応

X・　Y―Z　→　X―Y　+　・Z

③ラジカル付加・脱離反応

X・　Y＝Z　⇌ 付加/脱離　X―Y―Z・

④金属からの電子の供与（1電子還元）

M・　Y―Z　→　M⊕　+　⊖Y―Z・

図 2-64. ラジカル反応の基本図

【ラジカル反応】

①結合形成と開裂：ラジカル同士は1電子ずつ出し合って共有結合を形成します。均等（ホモ）開裂（逆反応）の様子も釣り針型矢印で示しました。
②ラジカル置換反応：ラジカルX・と原子Yの間で新しく単結合が形成，か

わりに X–Z 間の σ 結合が開裂，ラジカル Z・ が生成しています。

③ラジカル付加・脱離反応：②と同様ですが，π 結合が開裂します。逆が脱離反応です。

④1 電子還元反応：金属 M から Y に 1 電子が移動しています。③との違い（生成物が共有結合性かイオン結合性か）に注意してください。電子を失った金属 M は正，電子が増えた Y は負に帯電します。

2-9-3. ラジカル置換反応

メタンと塩素を混合して光（あるいは熱）を当てると，ラジカル連鎖反応が起こり，クロロメタン，ジクロロメタン，クロロホルム，四塩化炭素の混合物が得られます。ここでは一段階目を取り上げます。

①開始段階：塩素分子が光エネルギー（$h\nu$）を吸収して均等開裂し，塩素ラジカルが生じます。

②伝搬段階：塩素ラジカルがメタンを攻撃（ラジカル置換反応），生じたメチルラジカルが，塩素を攻撃して塩化メチルが生成します。これらがくり返されて反応が進行していきます。

③停止段階：ラジカル同士が衝突すると中性分子が生成，連鎖反応は終了します。

ラジカル反応が進行するか否かは，反応前後の分子全体の安定性に依存しています。すなわち，反応前に比べて反応後の分子の結合解離エネルギーの総和が大きければその反応は進行することになります。この例で変化した結合を考えると，原系の Cl–Cl と C–H の和は 660 kJ/mol，生成系の H–Cl と C–Cl

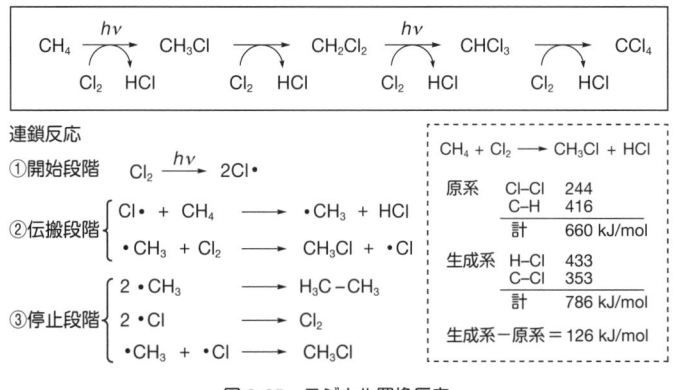

図 2-65. ラジカル置換反応

の和は 786 kJ/mol と，生成系が 126 kJ/mol のエネルギーを放出して安定化したことになります（発熱反応）。

2-9-4. ラジカル付加反応（anti-Markovnikov 付加）

アルケンへの臭化水素の付加反応は，ラジカル反応条件では酸触媒反応と逆の（anti-Markovnikov 付加による）位置異性体が生成します。これを過酸化物効果とよびます。この反応も連鎖反応です。

①開始段階：過酸化ベンゾイルの不安定な O–O 結合が光により均等開裂し，HBr から H· を引き抜いて，Br· が生じます。

②伝搬段階：Br· がイソブテンにラジカル付加反応を起こします。このとき，生成するのはより安定な 3 級ラジカル **A** で，HBr から H· を引き抜いて目的物となります。

③停止段階：ラジカル同士が反応して連鎖反応は終了です。

炭素ラジカルは，カルボカチオンと同様に置換基が多いほど安定（生成しやすい）です。

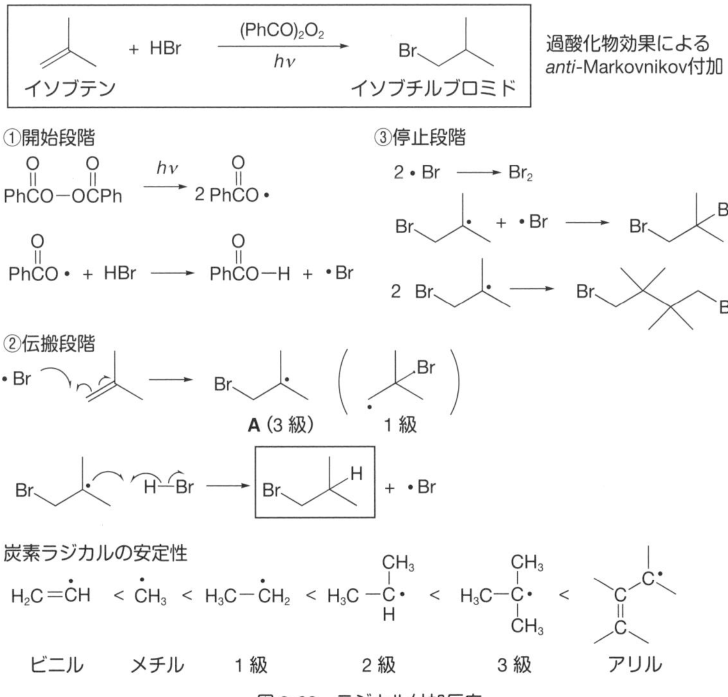

図 2-66．ラジカル付加反応

2-9-5. 1電子還元反応（Birch（バーチ）還元）

　液体アンモニア（沸点 −33℃）に溶解した金属（Li, Na, K, Ca 等）を用いる還元反応を Birch 還元とよびます。この種の反応は，
　①1電子還元
　②生じるラジカルアニオンのプロトン化
　③残るラジカルの1電子還元
　④生じるアニオンのプロトン化
という共通のステップを踏みます。図 2-67 はアルキンの (E)-アルケンへの還元反応です。ラジカルアニオンにおける R と R′ の立体反発の影響で，(E)-体になります。

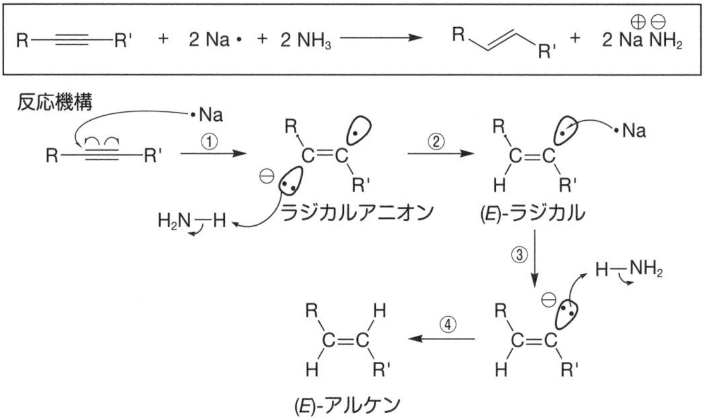

図 2-67. アルキンの Birch 還元

2-9-6. 1電子還元反応－ラジカルカップリング反応（アシロイン縮合）

　2分子のエステルを金属ナトリウムで処理することでアシロイン（α-ヒドロキシケトン）が生成する反応を見てみましょう。ジエステルで行えば環状アシロインが得られます。
　①カルボニル基が1電子還元を受け，ジラジカルジアニオンになります。
　②ラジカル同士がカップリング（結合形成）します。
　③メトキシドアニオンが脱離してジケトンが生じます。
　④再び1電子還元を受けます。
　⑤後処理（酸性水溶液）でプロトン化を受けると，
　⑥安定な互変異性体であるアシロインとなります。

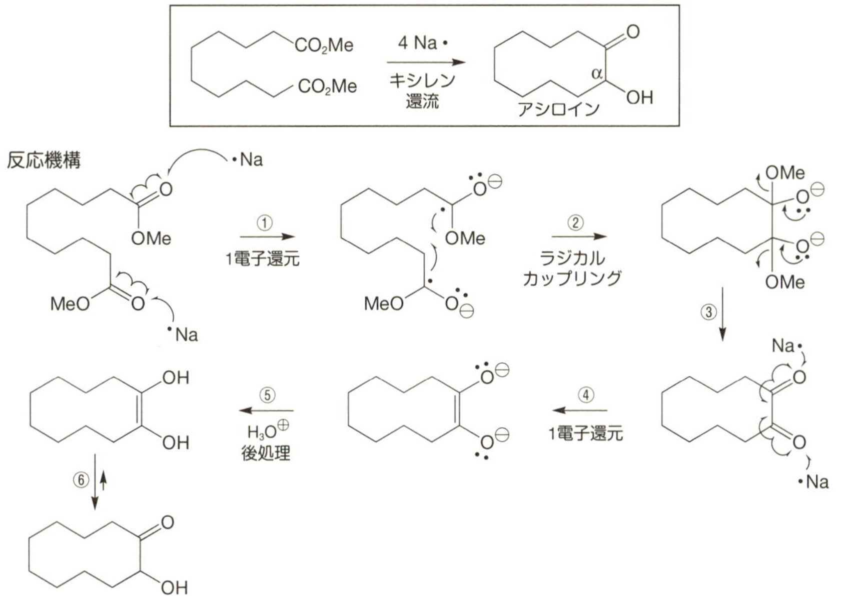

図 2-68. アシロイン縮合反応

2-10. Diels-Alder（ディールス・アルダー）反応

　Diels-Alder 反応は，ジエンとジエノフィル（dienophile：ジエンと反応するの意）間に C–C 単結合が 2 か所同時に形成した付加体（シクロヘキセン化合物）が生成する反応です[18]。一般に加熱や酸性条件が必要で，図 2-69 のように電子移動の矢印を書くことができます。とくにジエンに電子供与性基（メトキシ基やアルキル基），ジエノフィルに電子吸引性基（カルボニル基やニトロ基）が置換している場合に速やかに進行します。

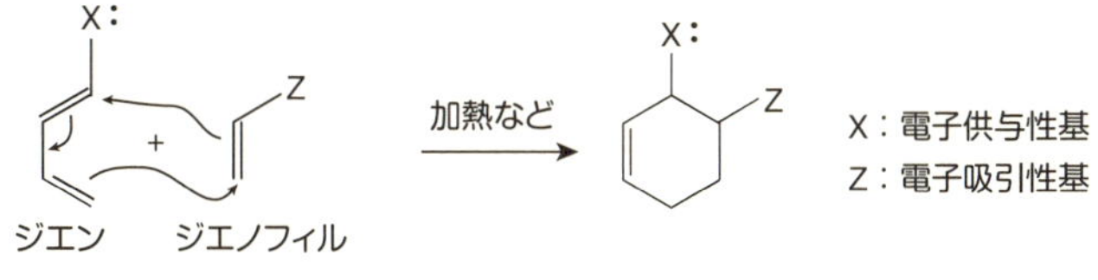

図 2-69. Diels-Alder 反応

---

[18] それぞれの分子軌道間の相互作用によって進行する。

オレフィンのほか，アセチレン化合物やキノン類もジエノフィルとして働きます。キノンの付加体は強酸処理によってフェノール類になります。

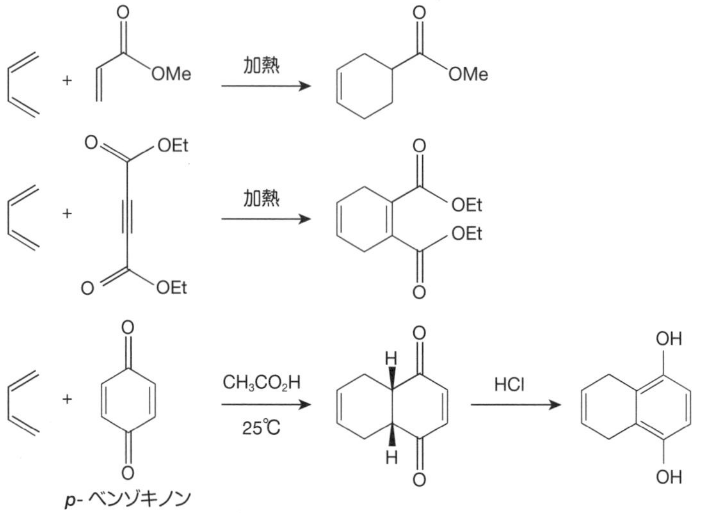

図 2-70．Diels-Alder 反応の例

2-11. 2章で学んだ代表的な反応のまとめ

S_N2 および E2 反応（2-3 参照）

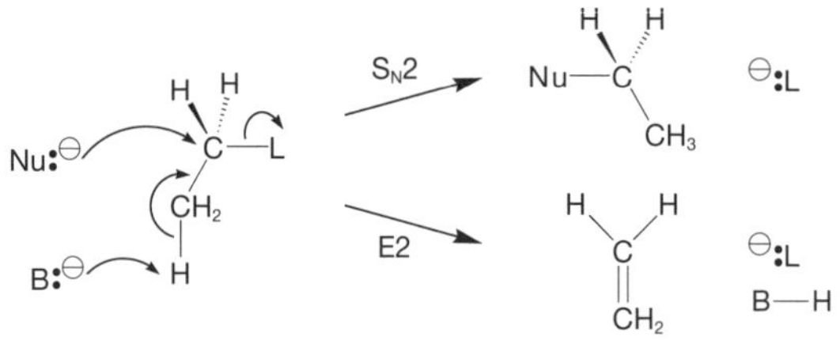

S_N1 および E1 反応（2-4 参照）

slow　カチオン中間体　fast

求電子付加反応（C=C）（2-5 参照）

カチオン中間体

求電子置換反応（ベンゼン環）（2-6 参照）

slow　カチオン中間体　fast

アセタール交換反応，アルドール反応（カルボニル基／酸性）（2-7-3 参照）

エノール　アルドール

イミン　　　　　　　　　　　　　　　アセタール

求核付加・置換反応，アルキル化反応（カルボニル基／塩基性）（2-7-4 参照）

第3章 生体成分の化学
糖，核酸，アミノ酸，脂質

糖，核酸，アミノ酸や脂質など，生体の構成成分あるいはエネルギー源となる，多くの生物に共通な有機化合物の性質を，化学的な視点から見ていきましょう。

3-1. 糖類（炭水化物）

光合成により最初に生合成される糖類には，貯蔵エネルギー源，生体構成成分のほかに，細胞認識など生物活性物質としての大切な働きがあります。

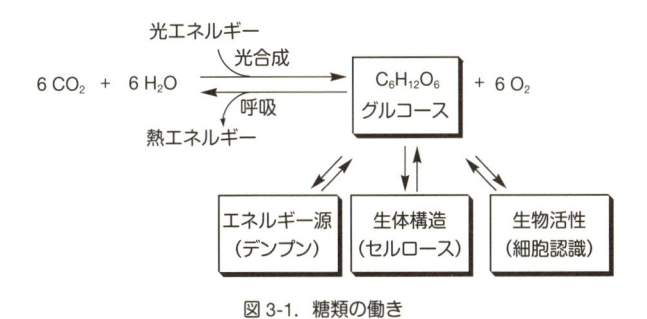

$$6\,CO_2 + 6\,H_2O \underset{呼吸}{\overset{光合成}{\rightleftarrows}} C_6H_{12}O_6\ (グルコース) + 6\,O_2$$

図 3-1. 糖類の働き

3-1-1. 糖類の種類と構造

糖類は，環状の単糖類がグリコシル結合（アセタール）でつながったものです。その数が2から20程度のものをオリゴ糖類（少糖類）とよび，それ以上は，ほとんどがくり返し構造を含む多糖類などに分類されます。

A. 単糖類
炭素数によって一般名称が付けられています（表3-1）。
a) 鎖状構造（Fischer（フィッシャー）投影式）
トリオースのグリセルアルデヒドには不斉炭素があり，天然型は (R)-体です。糖類は，Fischer 投影式[1] で下から2番目のヒドロキシ基が右にあるものが多

表 3-1. 単糖類の種類

炭素数	一般名称	例
C_3	トリオース (triose)	グリセルアルデヒド
C_4	テトロース (tetrose)	エリトロース, トレオース
C_5	ペントース (pentose)	リボース, キシロース
C_6	ヘキソース (hexose)	グルコース, ガラクトース, マンノース
C_7	ヘプトース (heptose)	

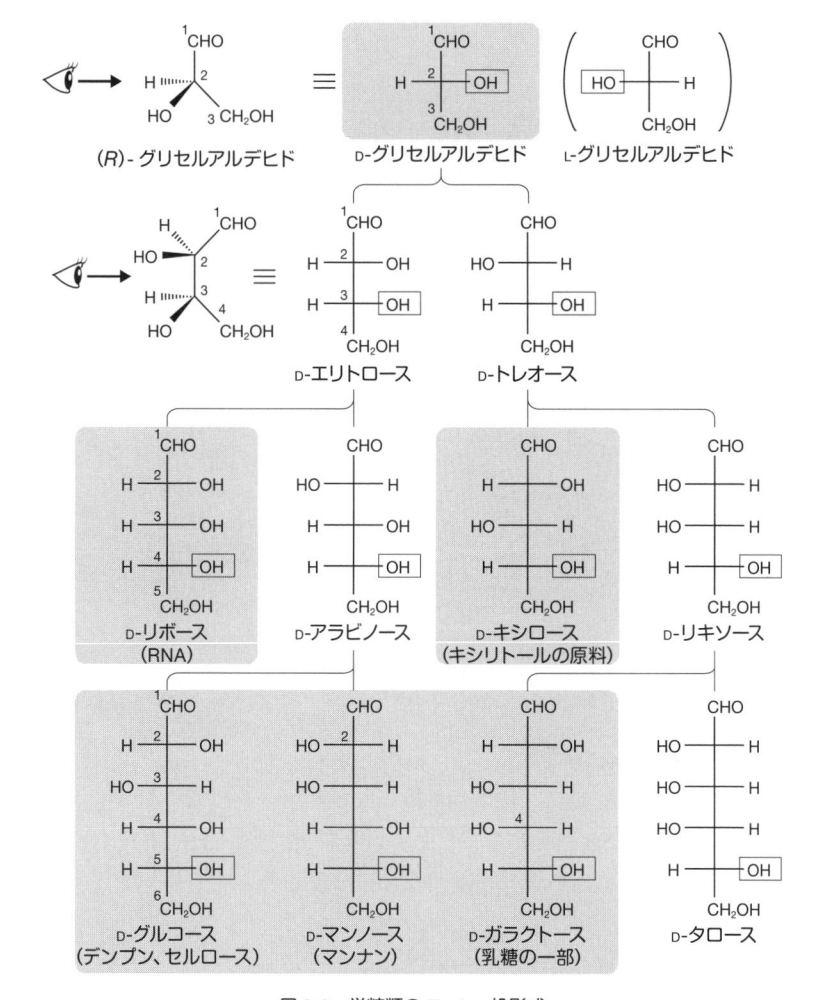

図 3-2. 単糖類の Fischer 投影式

[1] 糖の炭素鎖を,「-CHO を上に」「-H と -OH が両方とも紙面手前向きに」なるように縦に並べて書いた投影式のこと。

第 3 章 生体成分の化学

く存在し，これを D-型と分類します（逆は L-型）。Fischer 投影式で主要な糖のつながりを示しました（図 3-2）。

b) 環状構造（フラノース (furanose) とピラノース (pyranose)）

単糖類は主に環状ヘミアセタールで存在します。D-グルコースで見てみましょう（図 3-3）。Fischer 投影式を **A** のように書き直して，4-位ヒドロキシ基から 5 員環を形成すると D-グルコフラノース，5-位から 6 員環になれば D-グルコピラノースです[2]。この書き方を Haworth（ハワース）式といいますが，置換しているヒドロキシ基の性質を反映していません。そこで，ピラノースはイス型配座で書くことを勧めます。β-D-グルコースはすべての置換基がエクアトリアル配置です。

ヘミアセタールは，1-位（アノマー位）について 2 つの立体異性体（β-および α-型[3]）混合物として存在します。

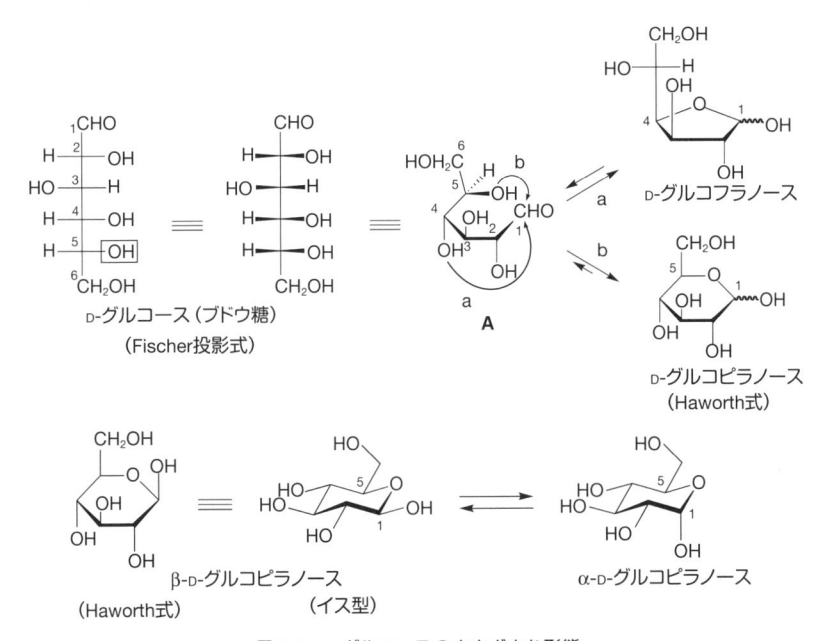

図 3-3. D-グルコースのさまざまな形態

---

[2] ピラノース／フラノースの存在割合は，糖の種類や形態（結晶か水溶液か）などによって異なる。
[3] D-糖では，1-位 C 原子を右手前，O 原子を右奥に配置し，1-位置換基が環の上側を向く場合を β-型，下側を α-型とよぶ。

> **頻出例題3-1** 図 3-3 にある構造式を参考にし，α- から β-D-グルコピラノースへの異性化の反応機構を書け。

解法のポイント　最初に 6 員環内の O 原子をプロトン化しましょう。

解答　環内 O 原子のプロトン化からアシスト＆脱離した鎖状アルデヒド中間体で，1,2-位の単結合を 180°回転させます（**A → A'**）。求核攻撃の後に脱プロトン化すれば β-体になります。この反応は可逆で，塩基性でも起こります。

[α-D-グルコピラノース から [1] H⊕化 → [4] アシスト&脱離 → **A** (鎖状中間体) → 単結合の回転 → **A'** → [2] Nu:攻撃 → [5] 脱H⊕化 → β-D-グルコピラノース]

　グルコースを基準にすれば，主な単糖類の構造が容易におぼえられます。グルコースの 2-位がアキシアルになるとマンノース，4-位だとガラクトースです。キシロースは 6-位が存在しないだけです。核酸の一部であるリボースはフラノース型でおぼえましょう。

β-D-グルコピラノース　　β-D-マンノピラノース　　β-D-ガラクトピラノース

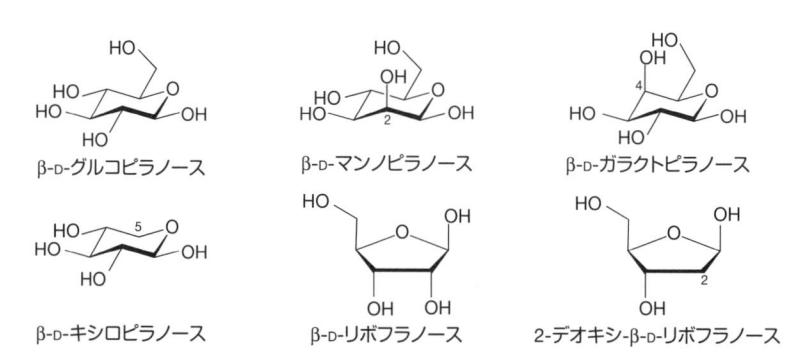

β-D-キシロピラノース　　β-D-リボフラノース　　2-デオキシ-β-D-リボフラノース

図 3-4．主な単糖類（環状）の構造

c) アルドース (aldose) とケトース (ketose)

アルドース（ホルミル基（−CHO）基を有する糖）は異性化するとケトース（$R_2C=O$ 基を有する糖）になります。フルクトースは他の糖と結合しているときは常にフラノースとなっています。

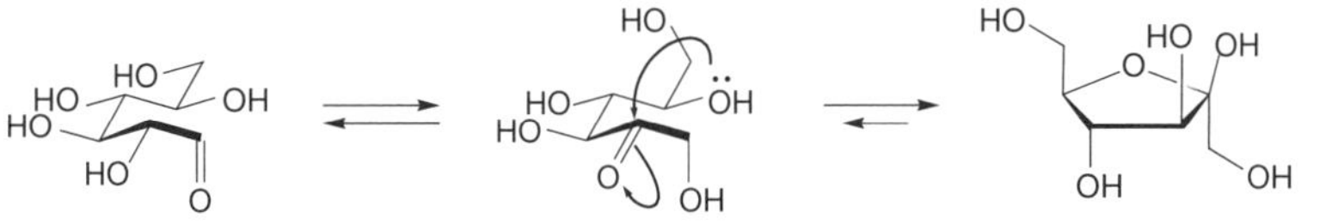

D-グルコース (アルドース) ⇌ D-フルクトース (ケトース) ⇌ β-D-フルクトフラノース

図 3-5．アルドースとケトース

頻出例題3-2 アルドースとケトースの異性化の塩基性条件での反応機構を書け。

解答 アルドースがエンジオール型のエノラートになり，$H^⊕$ の受け渡しを介して異性化します。この反応も酸性でも進行します。

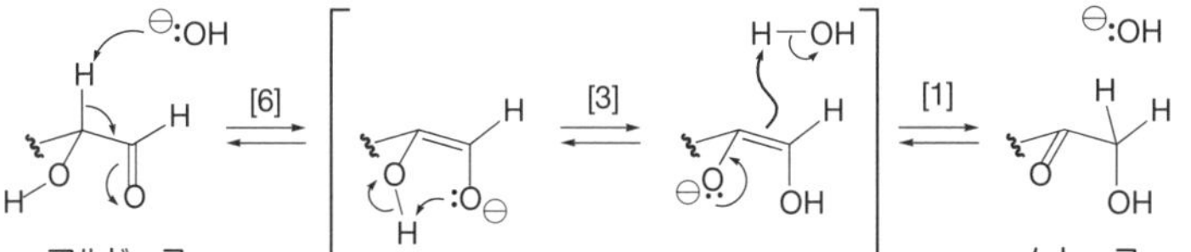

アルドース ⇌ [6] エンジオール型エノラート ⇌ [3] ⇌ [1] ケトース

B．オリゴ糖類（少糖類）

ここでは有名な二糖を紹介します。いずれも単糖がアセタール構造（グリコシド結合）でつながっています。この結合には，その位置と向きによって「α-1,4-

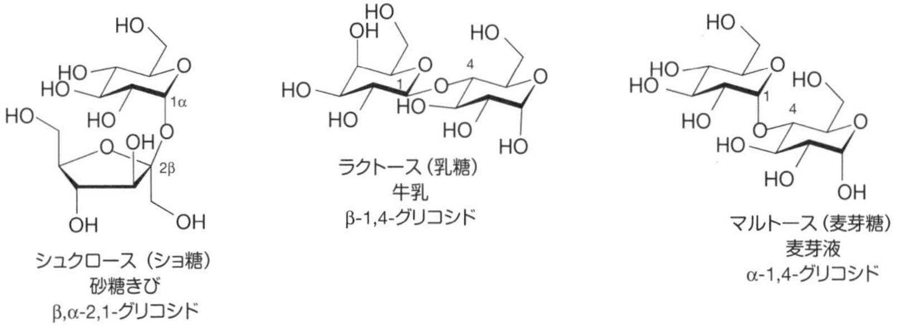

スクロース（ショ糖）
砂糖きび
β,α-2,1-グリコシド

ラクトース（乳糖）
牛乳
β-1,4-グリコシド

マルトース（麦芽糖）
麦芽液
α-1,4-グリコシド

図 3-6．二糖の構造

グリコシド」などが存在します。

C. 多糖類

多糖類は大きく2種類に分けられます。単糖同士の結合はやはりグリコシド結合です。

i) 構造多糖類：セルロース（植物），ペプチドグリカン（微生物），キチン（甲殻類や昆虫）等。

ii) 貯蔵多糖類：デンプン（植物），グリコーゲン（動物）等。

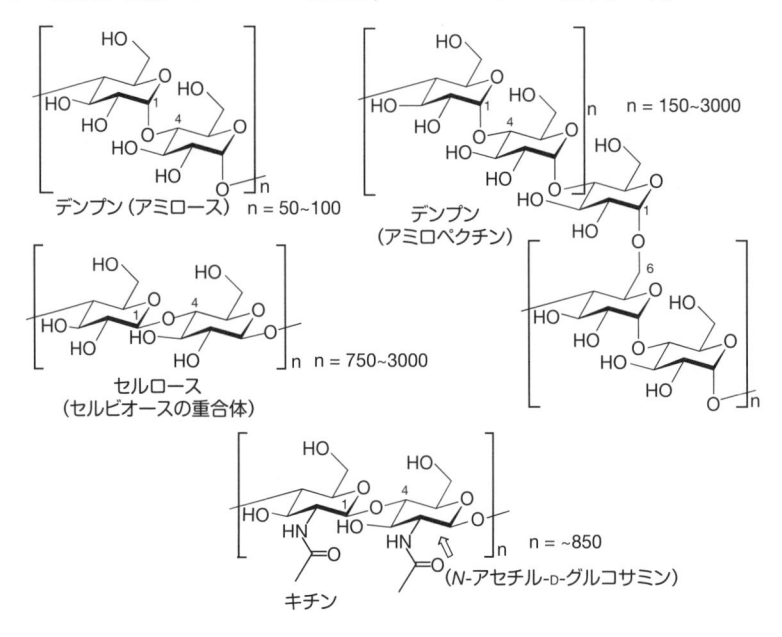

図 3-7. 多糖類の構造

D. 配糖体（グリコシド）

配糖体はアルコールやフェノールとのグリコシドで，天然から多く単離されています。糖以外の部分をアグリコンとよびます。

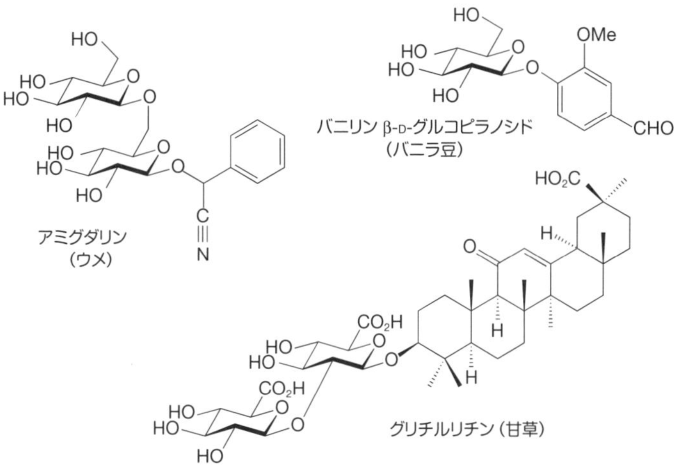

アミグダリン
（ウメ）

バニリン β-D-グルコピラノシド
（バニラ豆）

グリチルリチン（甘草）

図 3-8. 配糖体の構造

頻出例題3-3 次の化合物をイス型の立体構造式で書け。また、カラゲニンのグリコシド結合の種類も答えよ。

(1) カラゲニン

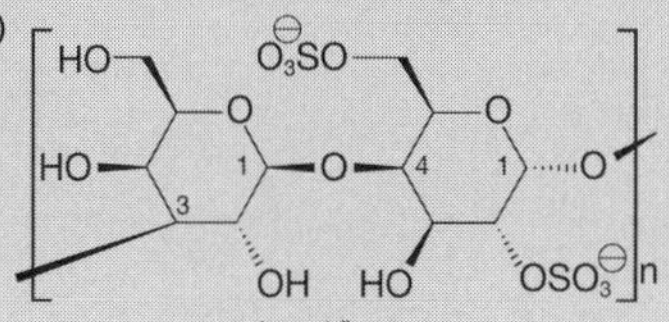

(2) 1,6-アンヒドロ-β-D-イドピラノース

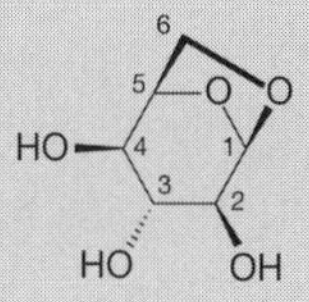

解答 (1) カラゲニンは紅藻から採れる硫酸エステル化された多糖類で、増粘剤やゲル化剤に用いられます。(2) アンヒドロとは分子内で脱水したことを示しています。1,5-位が強制的にアキシアルに配向しています。

(1) β-1,4-グリコシド
α-1,3-グリコシド

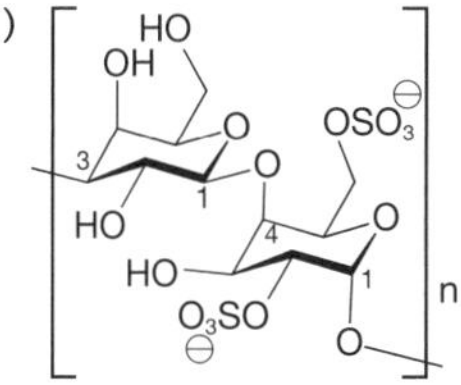

(2)

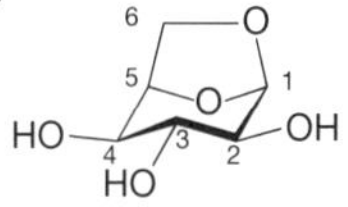

3-1-2. 糖類の化学反応
A. 塩基性での反応

　糖類のヒドロキシ基には，アルコール性とヘミアセタール性の2種類があり，塩基性ではいずれも求核性（$-\ddot{\text{O}}\text{H}$, $-\text{O}:^{\ominus}$）のみを示します。**すなわちエステル化やアルキル化は，すべてのヒドロキシ基上で起こります。**

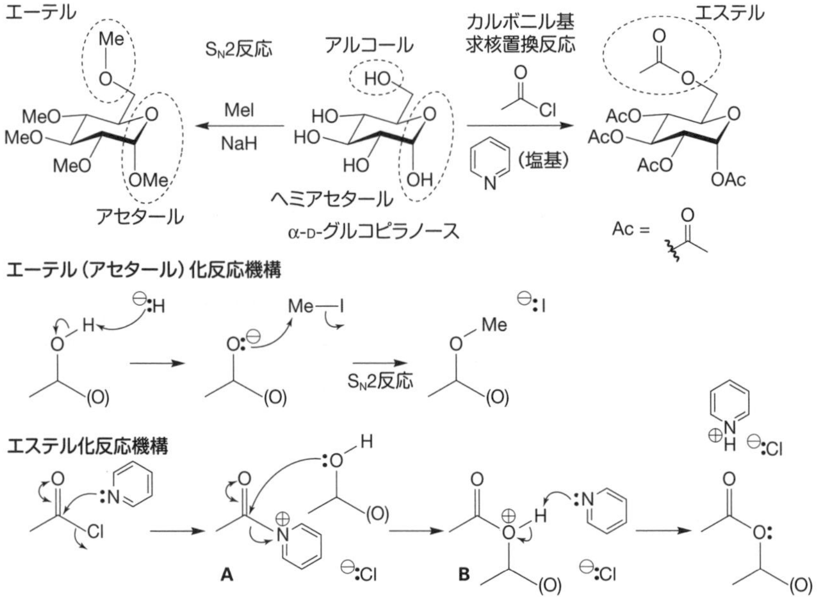

図3-9. エーテル（アセタール）化，エステル化反応（塩基性）

　エーテル（アセタール）化は図のようなS_N2反応で起きます。生成したアセタールやエーテルは，塩基性条件ではとても安定です。エステル化は強塩基でも行えますが（2-7-4.A 参照），穏やかな弱塩基条件を紹介します。はじめに求核性の大きいピリジンのN原子が酸クロリドに求核置換します（**A**）。そこにヒドロキシ基が求核置換して（**B**），エステルが生成します。

B. 酸性での反応（アセタール交換反応）

　酸性ではヘミアセタールのヒドロキシ基のみが置換反応を受けます。これはアセタール交換反応（図2-38 参照）の一種で，糖の場合グリコシル化反応とよびます。溶媒かつ求核性分子のメタノールが大過剰に存在するので，メチルグルコシドが優先して生成しますが，グルコースのヒドロキシ基が別のグルコースと分子間でアセタールを形成する可能性もあります。また，H_2O を加

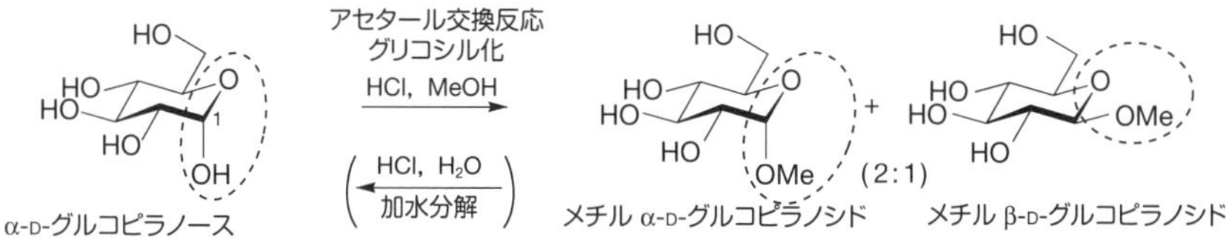

図 3-10. グリコシル化反応

えれば，逆反応の加水分解を進行させることができます。

頻出例題3-4 次のグリコシル化のモデル反応の機構を書け。また，3α，3β 以外にできる副生物を書け。

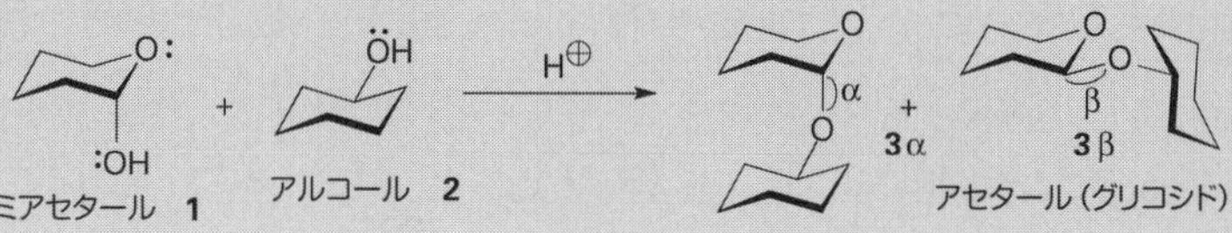

解答 ヘミアセタール **1** のプロトン化 [1] 後，**A** から脱水 [4] して生じたオキソニウムカチオン **B** の下側からアルコール **2** が求核攻撃 [2] すれば **C**，さらに脱プロトン化 [5] により，アセタール **3α** となります。ちなみに，アルコール **2** にもプロトン化は起きていますが，**D** からの脱水は「アシストのない脱離」で，不安定な **E** が生成するため，進行しません。

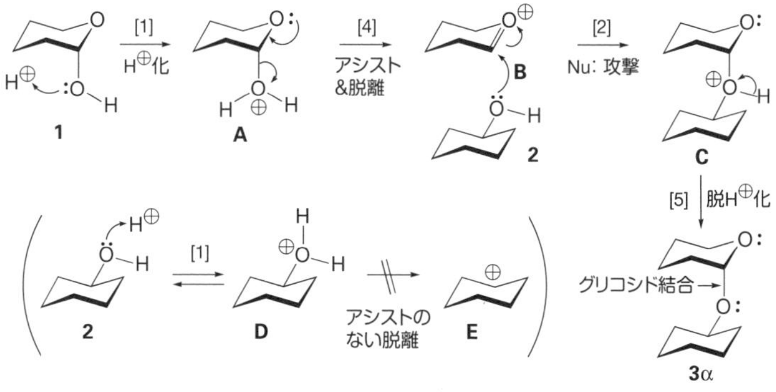

また，**B** に **1** が求核攻撃すれば，グリコシド結合が重なった **4αα** とその異性体が生成するでしょう。

糖類のヒドロキシ基の大切な反応をまとめると，図3-11になります。塩基性では区別がありません。酸性では，攻撃性は同じですが，アセタール性のアノマー位C原子のみが攻撃を受け入れます。

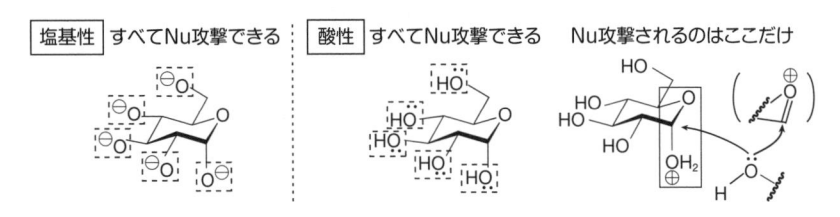

図3-11．糖類のヒドロキシ基の性質

頻出例題3-5 化合物1，2をaまたはbの条件で処理した場合の生成物を書け。

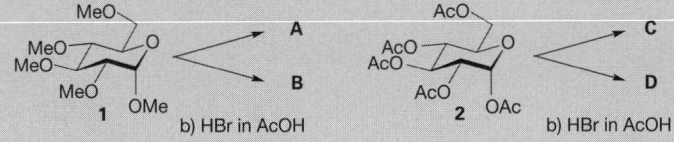

解答 1：a）塩基性条件では反応が起こりません。b）酸性条件では1-位のみ反応して，ブロミド**B**が生成します。
2：a）アセチル基（エステル）はすべて加水分解を受けて**C**になります。b）酸性条件では，加熱など激しい条件でなければエステルは加水分解を受けません（**2'**）。1-位のアセトキシ（AcO）基がアシスト＆脱離を受けて，オキソニウムカチオン**3**が生じます。そこにBr:⊖が求核攻撃して**D**になります。

3-2. 核酸

核酸は，遺伝情報を司るDNAとRNA[4]，あるいはエネルギー貯蔵やリン酸化に働くATP等として重要な働きを担っています。これらは，糖に複素環塩基とリン酸が結合した構造をしています。

3-2-1. 核酸の構造

A. 塩基と糖

DNAを構成する塩基はアデニン，グアニン（プリン塩基），シトシン，チミン（ピリミジン塩基），糖は2'-デオキシ-β-D-リボフラノースです。RNAではチミンのかわりにウラシル，糖はβ-D-リボフラノースです（図3-12）。

B. ヌクレオシドとヌクレオチド

塩基と糖部がアミナール（N-グリコシド結合）を形成した化合物をヌクレオシドとよびます。そして糖部がさらにリン酸化されるとヌクレオチドです[5]。ATPはリン酸無水物であり，加水分解される際に大きなエネルギーを放出します。このP–O結合を高エネルギーリン酸結合とよびます。

---

[4] DNA: deoxyribonucleic acid. RNA: ribonucleic acid.
[5] ヌクレオチドのリン酸部分は中性付近ではほとんど解離するが，わかりやすくするためにOH型で書いている（3-2-2参照）。

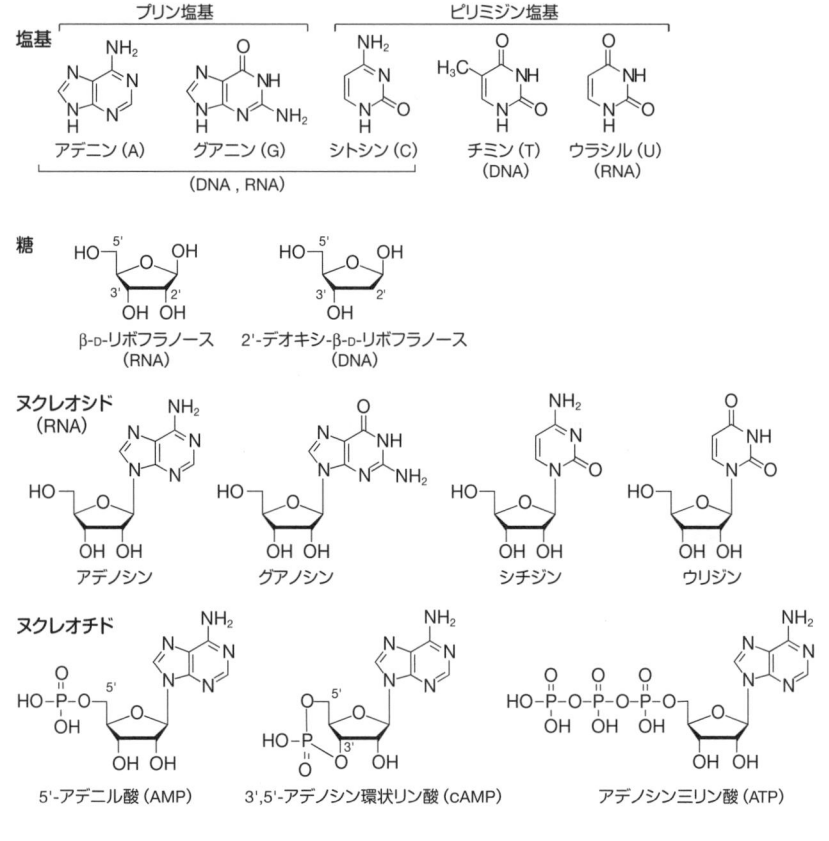

図 3-12. 核酸類の構造

C. DNA と RNA

それぞれ構成するヌクレオチドが、3'位と5'位間のリン酸ジエステル結合でつながったポリマーです（図 3-13）。図の記号（A, G, C, T）は構成するヌクレオチドを示しています（RNA のウリジル酸は「U」）。二本鎖 DNA では、向かい合うヌクレオチドのペアが「AT」「GC」と決まっています。AT 間には2本、GC 間には3本の水素結合があるため、結合の多い GC 間のほうが強く結ばれています。

D. 補酵素など

酵素と共同で働く分子（補酵素）には、ヌクレオシ(チ)ド構造を含む化合物が多く存在します（図 3-14）。詳しくは4章で見ていきます。イノシン酸は肉類に含まれる物質で、そのナトリウム塩は鰹節の旨味成分です。

図 3-13. DNA の構造

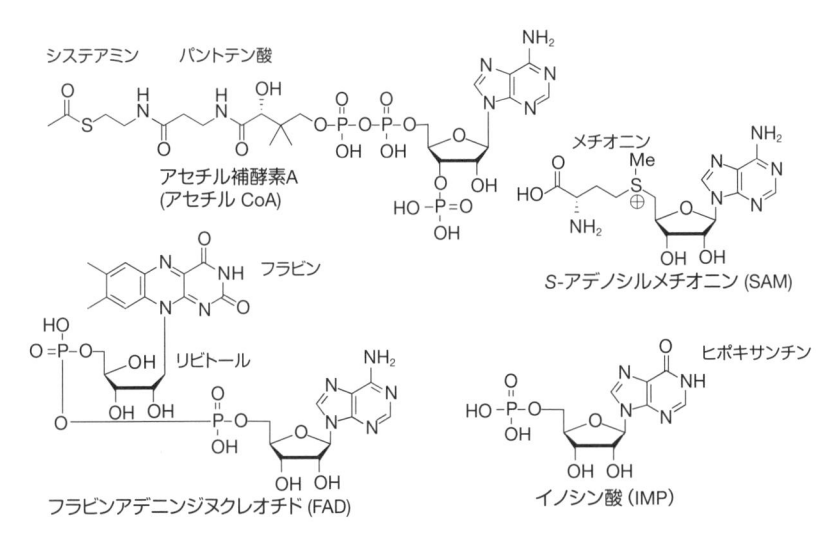

図 3-14. ヌクレオシド構造を含む補酵素など

3-2-2. 核酸類の性質と反応

　核酸類は，糖と塩基，リン酸が N-グリコシド結合とリン酸エステル結合でつながっています。それぞれがもつ官能基の性質と酸性・塩基性条件における挙動を勉強することが，核酸類の性質を分子レベルで知ることにつながります。

A. リン酸エステルの解離

　リン酸の第二解離定数は pK_{a2} 7.2 なので[6]，ヌクレオチド類のリン酸部分は，

中性付近ではほとんど解離しています。UMPはほぼモノアニオンとジアニオンで存在することがわかります（図3-15）。

図 3-15. ヌクレオチドの解離

B. 塩基性加水分解

ヌクレオチド類のリン酸エステル（あるいは無水物）部分は，塩基性で加水分解を受けます。

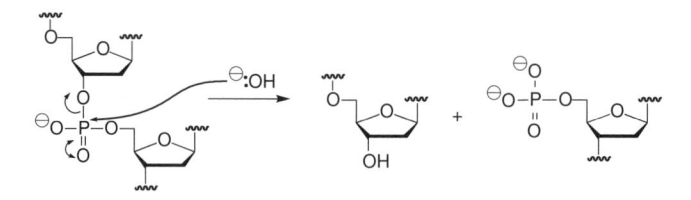

図 3-16. リン酸エステルの塩基性加水分解

C. 酸性加水分解

酸性ではアミナール（N-グリコシド）部分が加水分解されます。ウリジンの分解例を示しました。これまで勉強してきた酸触媒反応そのものですね。

D. 化学的メチル化反応

DNAを望む位置で分解するために，塩基部分を選択的に修飾する手段が知られています（Maxam-Gilbert（マクサム・ギルバート）法）。たとえば硫酸ジメチルを用いると，グアニル酸残基の7-位やアデニル酸残基の3-位が N-メチル化されてアミナールの加水分解が容易になります。

---

[6] pH 7.2 ではモノアニオンとジアニオンが等モル存在する。

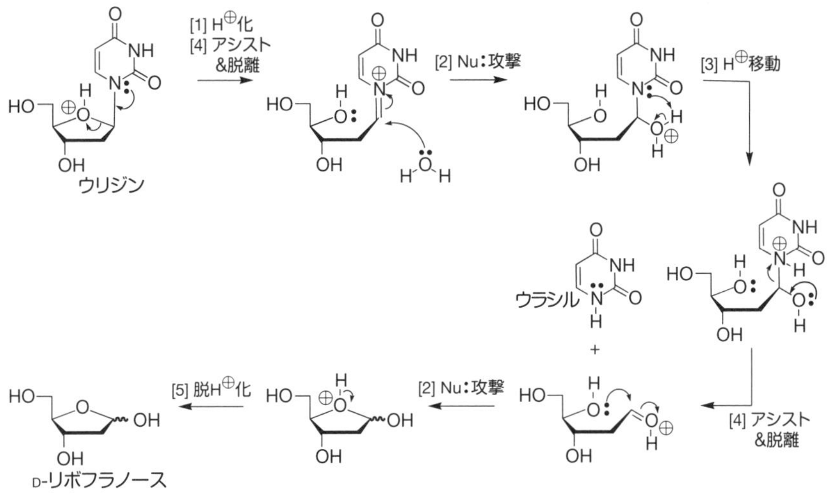

図 3-17. アミナール（N-グリコシド）の酸性加水分解

頻出例題3-6 グアニル酸（G）の 7-位メチル化と続く加水分解の反応機構を書け。

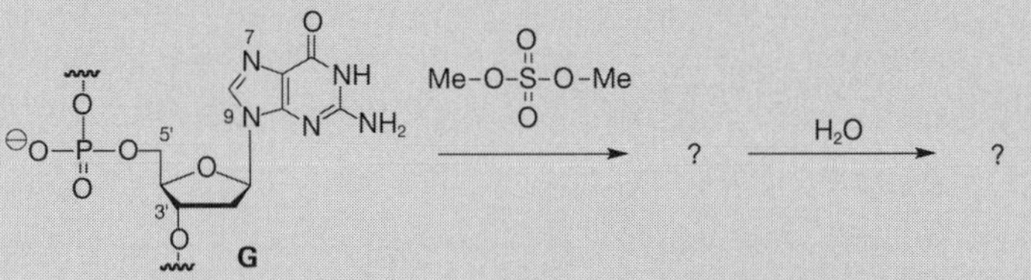

解答 G の 7-位が S_N2 反応でメチル化されると，正電荷を帯びます。それを相殺するように，リボースの環上 O 原子からローンペアのアシストにより脱離が起きます。最後に水が付加してリボース残基が残ります。

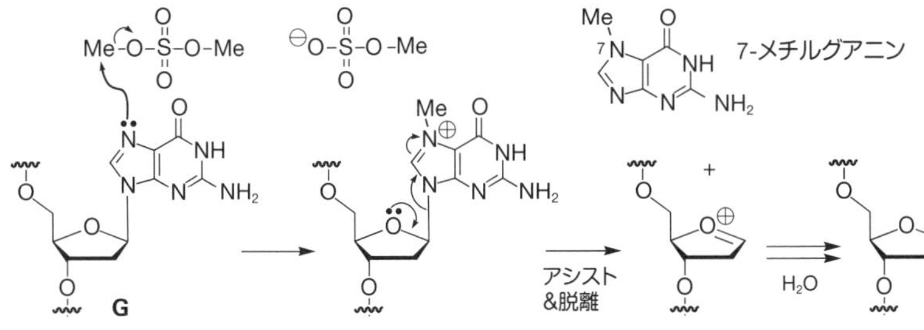

> **頻出例題3-7** 抗生物質アリステロマイシン（**1**）は，アデノシンの環内 O 原子が CH_2 に置換した構造をしている。この違いがもたらす(1)化学的違い, (2)生化学的な違いを考えよ。

解答 （1）**1** は酸性に強い構造をしています。アデノシンはアミナール構造なので，酸性では a または b のように（加水）分解してしまいます。またアデノシンより疎水性が大きくなっています。該当する部位では本来あるはずの水素結合能がなくなり，立体障害も増しています（O → CH_2）。

（2）**1** は構造と電気的性質がアデノシンと異なるので，関連する酵素群との親和性も違います。基質特異性の低い酵素を騙して基質になりすましたり（ミミック効果），高い酵素の働きを阻害する（ブロック効果）可能性があります。

3-2-3. 核酸類の合成と生合成（*N*-グリコシル化）

糖と塩基の *N*-グリコシル化反応を例に，核酸類の化学合成を生合成と比べてみましょう。

A. 化学合成

ブロモ化したリボース誘導体 **1** からは，水銀塩の存在下，β-選択的にヌクレオシドが合成できます。$Br^{\ominus}$ が脱離した **2** において，2-位のアセチル基が環状の中間体 **3** を形成するので，ウラシルの攻撃が β-側からのみ起きます（**4**）。最後にアセチル基を脱保護すればウリジンです。

B. 生合成

D-リボースがリン酸化を 2 回受けて PPRP（5-ホスホリボシル二リン酸）に

図 3-18. 化学合成における N-グリコシル化反応

なります。1-位が二リン酸エステルとなったため脱離が速やかに起き，生じた中間体 2 にオロト酸が攻撃してオロチジル酸（OMP）が生合成されます。OMP は脱炭酸で UMP へと変換されます。化学合成も生合成も，周囲の条件が異なるだけで同じ反応機構で進むことがわかると思います。

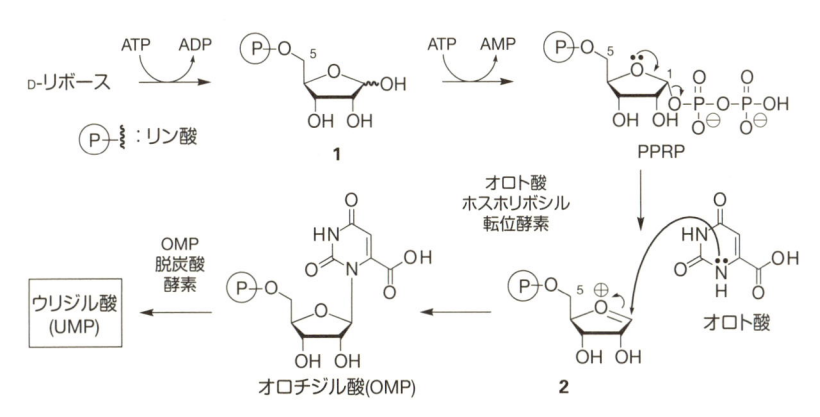

図 3-19. 生合成における N-グリコシル化反応

3-3. アミノ酸

生体の構造成分や酵素，ホルモンなどとして，生命機能の根幹に働くタンパク質やペプチドは，20 種類の α-アミノ酸が縮合したものです。

3-3-1. アミノ酸の構造

天然型α-アミノ酸はすべてL-型（Fischer 投影式でアミノ基が左側になる）に分類され，絶対立体配置は（*S*）です[7]。側鎖の性質によって，中性・酸性・塩基性アミノ酸に分類されます。ほかにβ-やγ-アミノ酸も知られています。

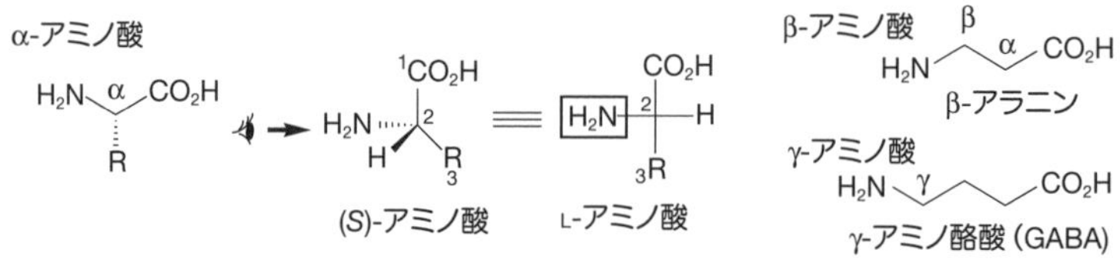

α-アミノ酸
(S)-アミノ酸
L-アミノ酸
β-アミノ酸
β-アラニン
γ-アミノ酸
γ-アミノ酪酸 (GABA)

図 3-20. アミノ酸の一般式と絶対立体配置

3-3-2. 中性アミノ酸

水溶液がほぼ中性になるものが中性アミノ酸です。

A. 疎水性置換基をもつ中性アミノ酸

水溶性のタンパク質ではこれらのアミノ酸残基が疎水性相互作用で内側に集まっています。トリプトファンのNH基は水素結合に働きます。プロリンは環状の2級アミノ基をもち，タンパク質を折り曲げる性質があります(3-3-5 参照)。

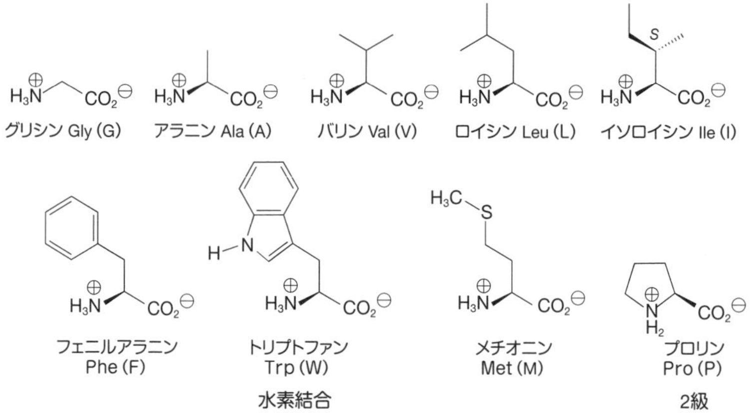

グリシン Gly (G)
アラニン Ala (A)
バリン Val (V)
ロイシン Leu (L)
イソロイシン Ile (I)
フェニルアラニン
Phe (F)
トリプトファン
Trp (W)
水素結合
メチオニン
Met (M)
プロリン
Pro (P)
2級

図 3-21. 疎水性置換基をもつ中性アミノ酸

B. 極性置換基をもつ中性アミノ酸

極性置換基は，水素結合にかかわり，水溶性タンパク質では分子の外側に位

---

7 L-システインのみは，命名規則により (*R*) となる。

置しています。タンパク質の修飾で大切なリン酸化や硫酸化は，これらのヒドロキシ基上に起こります。アスパラギン，セリン，トレオニンは糖タンパク質のグリコシド結合部位になります。システインのスルファニル基（-SH）には求核性があり，また他のスルファニル基と酸化的にジスルフィド結合（-S-S-）を形成します（3-3-5 参照）。

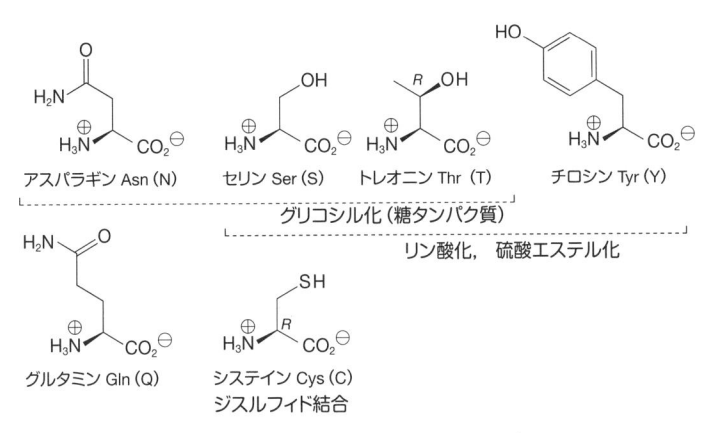

図 3-22. 極性置換基をもつ中性アミノ酸

アミノ酸は，結晶状態や中性水溶液中ではイオン化した**双性イオン**（zwitterion）**B** で存在します。カルボキシ基 [pK_a (RCO_2H) ~5] の酸性が，プロトン化したアミノ基 [pK_{aH} (RNH_3^+) ~10] よりもはるかに強いためです（図 3-23）。

アミノ酸のもつ電荷がプラスマイナス 0 になる状態の pH を**等電点**といい，pI で表します。アラニンではすべての分子が **B** になっています。pI = (pK_{a1} + pK_{a2})/2 で計算できます。

$$pI = \frac{pK_{a1} + pK_{a2}}{2} = \frac{2.34 + 9.69}{2} = 6.06$$

図 3-23. 中性アミノ酸（アラニン）の pH による変化

3-3-3. 酸性アミノ酸

酸性アミノ酸は2種類です。タンパク質では，側鎖のカルボキシ基が金属カチオンとの塩（イオン結合）や，水素結合，プロトンの授受をする触媒として働きます（4-1 参照）。

アスパラギン酸 Asp (D) 　　　グルタミン酸 Glu (E)

図 3-24. 酸性アミノ酸

等電点（**C**）では，側鎖カルボキシ基が完全にプロトン化しています。そのために pI は酸性側に偏っています。

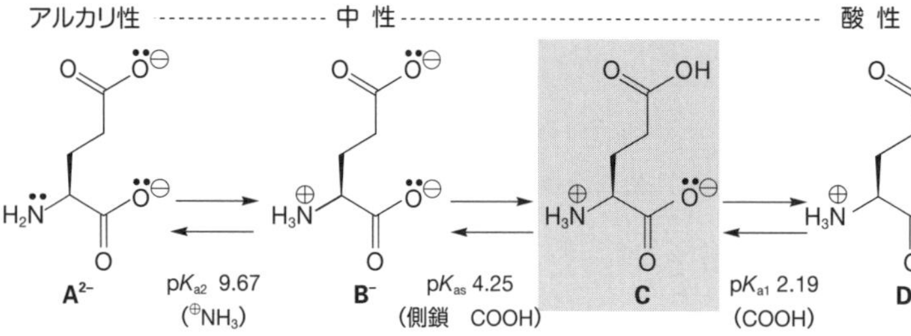

アルカリ性 ---------- 中 性 ---------------------------- 酸 性

A^{2-}　　pK_{a2} 9.67 （$^{\oplus}NH_3$）　　B^{-}　　pK_{as} 4.25 （側鎖 COOH）　　**C**　　pK_{a1} 2.19 (COOH)　　D^{+}

$$pI = \frac{pK_{a1} + pK_{as}}{2} = \frac{2.19 + 4.25}{2} = 3.22$$

図 3-25. 酸性アミノ酸（グルタミン酸）の pH による変化

3-3-4. 塩基性アミノ酸

塩基性アミノ酸は官能基の異なる3種類です。これらの側鎖アミノ基も金属カチオンとの配位や酸（塩基）触媒として働きます（4-1 参照）。リジンの側鎖アミノ基はアルデヒドやケトンと Schiff 塩基を形成します（4-1 参照）。アルギ

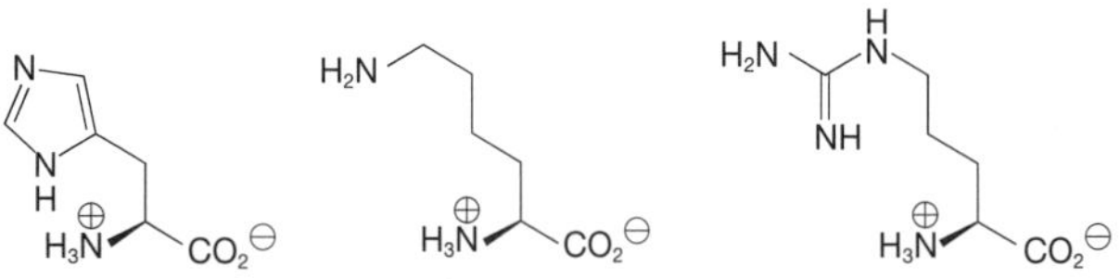

ヒスチジン His (H) 　　　リジン Lys (K) 　　　アルギニン Arg (R)

図 3-26. 塩基性アミノ酸

第 3 章　生体成分の化学

ニン側鎖のグアニジル基は強塩基です（頻出例題 1-14 参照）。

リジンでは，側鎖アミノ基の塩基性がより強くなっています。等電点（**B**）では α-アミノ基が完全に脱プロトン化しており，pI はアルカリ性側にあります。

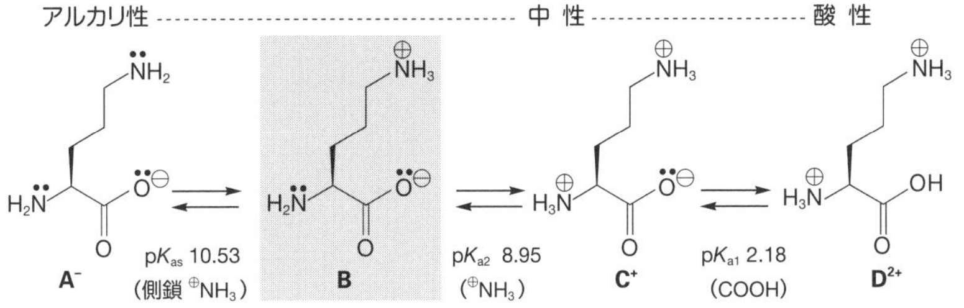

$$\text{pI} = \frac{pK_{a2} + pK_{as}}{2} = \frac{8.95 + 10.53}{2} = 9.74$$

図 3-27．塩基性アミノ酸（リジン）の pH による変化

頻出例題3-8 ヒスチジンの pH 変化の様子を書き，pI を求めよ。ただし，pK_{a1} (COOH) 1.82, pK_{a2} ($^{\oplus}NH_3$) 9.17, pK_{as} (側鎖 $^{\oplus}NH$) 6.00 を用いてよい。

解答 リジンと同様に考えます。側鎖イミダゾリル基（イミダゾール環）の塩基性はアミンより弱く，等電点 **B** では α-アミノ基がプロトン化しています。

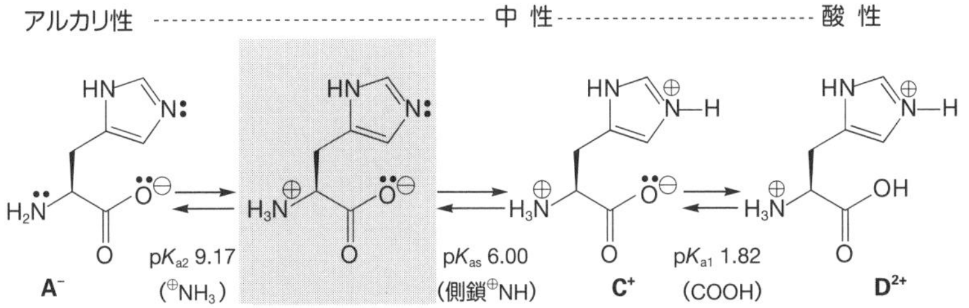

$$\text{pI} = \frac{pK_{a2} + pK_{as}}{2} = \frac{6.00 + 9.17}{2} = 7.59$$

3-3-5．ペプチド・タンパク質

ペプチドは，2〜50 個程度の α-アミノ酸が脱水縮合して，アミド結合（ペプチド結合）でつながった化合物です。さらに大きいものがタンパク質です。

A. ペプチド結合

a) ペプチド結合は，N原子ローンペアとカルボニル基との共鳴効果によって二重結合性を帯びています。アミド結合について *trans*-型が *cis*-型よりも立体障害が少なく安定で，ジグザグが伸びた形状をしています。

b) プロリンでは立体障害が同じ程度なので，*trans*-, *cis*-型いずれでも比較的自由に存在できます。とくにプロリンとグリシンが並ぶ部分で，ペプチド構造が折れ曲がることが多いです。

c) N－C_α結合も立体障害を避けるため，*anti*-型です。

d) 以上をまとめると，C_α原子は四面体，ペプチド部分は平面になっています。折れ曲がる α-位でトランプがつながった構造をイメージしてください。

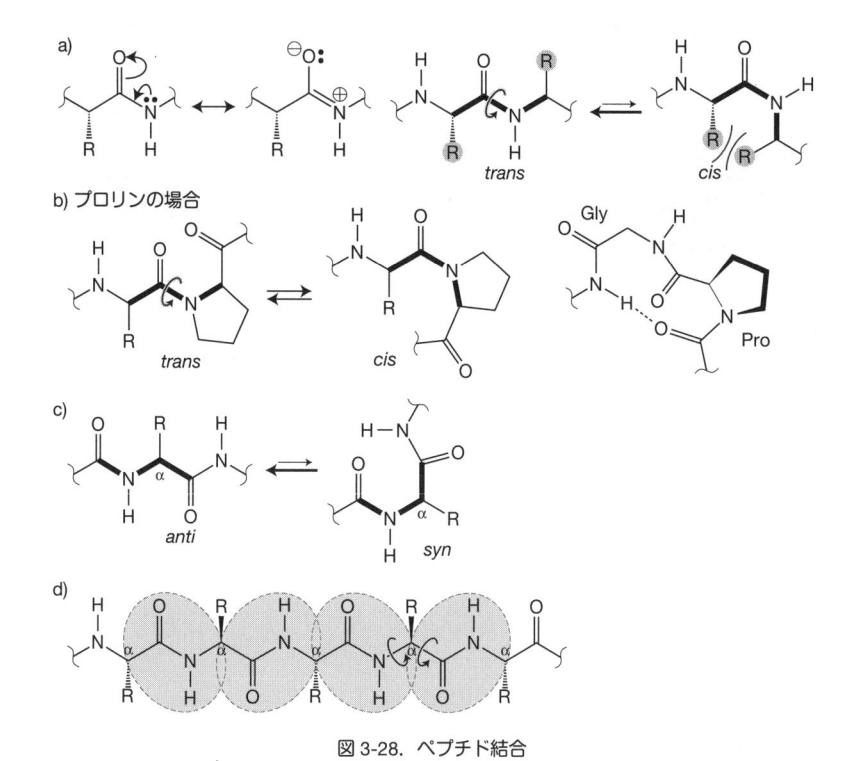

図 3-28. ペプチド結合

B. ジスルフィド結合

システイン残基中のスルファニル基（−SH）は，分子内や分子間で酸化的にジスルフィド結合（−S−S−）を形成し，架橋することがあります。これはタンパク質やペプチドの立体構造を決める要因の1つです。二量化したアミノ

図 3-29. ジスルフィド結合

酸残基をシスチンとよびます。

C. アミノ酸側鎖置換基間の相互作用

共有結合以外に，図 3-30 のような相互作用がペプチドやタンパク質の立体構造を決定しています。ベンゼン環は π 電子雲がわずかに負に帯電しているため，正電荷を帯びた H 原子と相互作用します。

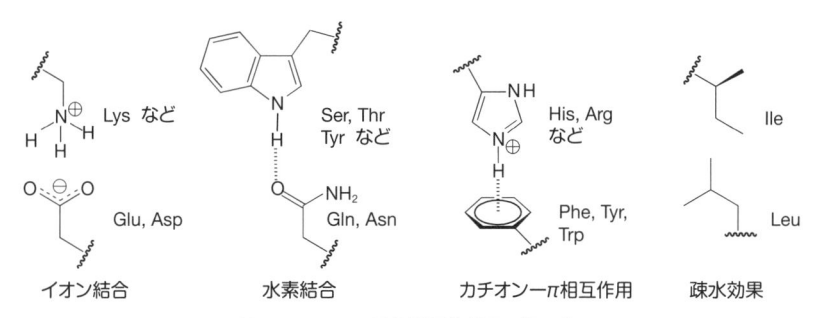

図 3-30. アミノ酸側鎖置換基間の相互作用

3-3-6. ペプチドの化学反応と合成

ペプチドの化学はアミド結合の化学です。アミド結合の性質を分解と合成から学びましょう。

A. エピメリ化反応

ペプチド中の不斉炭素原子は，とくに塩基性条件ではエピメリ化[8]する傾向があります。

---

[8] エピメリ化　不斉炭素原子の絶対立体配置が反転する（たとえば S 配置が R になる）こと。エピメリ化によって分子全体がその鏡像体になる場合をラセミ化とよぶ。

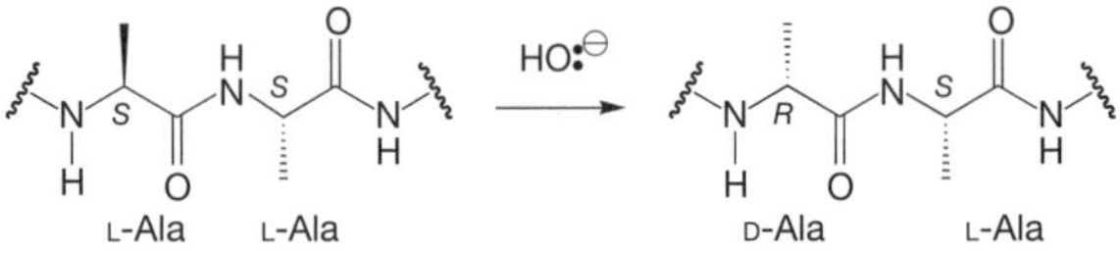

図 3-31-1. ペプチド α-位でのエピメリ化

B. 加水分解

アミド結合はかなり安定ですが，加熱など激しい塩基性条件では，加水分解を受けます。

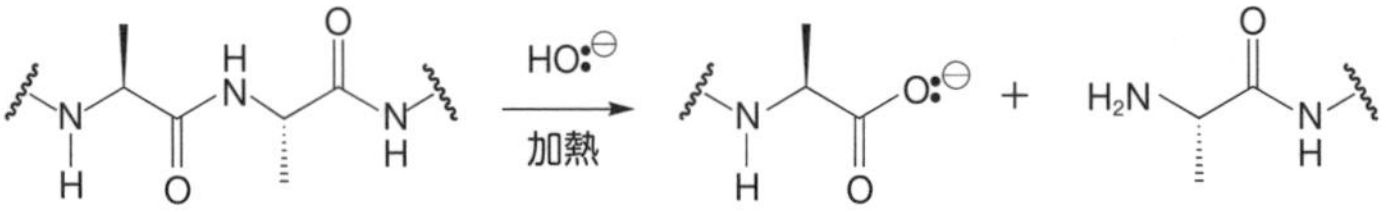

図 3-31-2. ペプチド結合の加水分解

> **頻出例題3-9** (1) 塩基性条件で起きるペプチド L-(S)-アラニン残基アミノ基のエピメリ化（図 3-31-1）と，(2) 加水分解（図 3-31-2）の反応機構を書け。

解答 (1) エピメリ化：カルボニル基 α-位のプロトンを HO:⊖ が引き抜いてエノラートが生じます。再プロトン化が紙面手前から起きれば，D-(R)-型になります。
(2) 高温などの激しい塩基性条件では加水分解も進行します。図にはエステルの加水分解と同じ機構で書きました。求核攻撃 [2] とアシスト＆脱離 [4] の後，プロトン交換してカルボン酸塩とアミンになります。

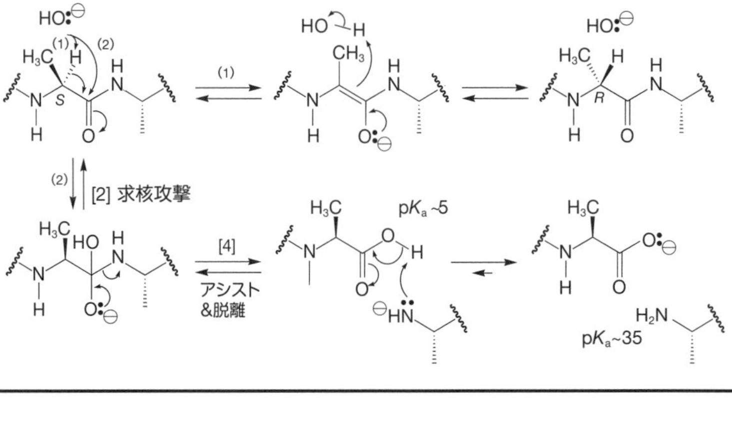

C. ジペプチドの合成

天然界には数多くのペプチドが存在しますが、いずれもアミド結合のくり返し構造からなり、構成アミノ酸残基の種類と順序が異なるだけです。すなわち、アミノ酸同士のアミド結合形成を順に行えば、どのようなペプチドも合成できるはずです。実際、研究や薬として有用なペプチドを、化学合成する方法が開発されています。化学合成することにより、天然界にわずかしか存在しない物質や、人工的にデザインした物質を供給することが可能になります。

ペプチドの化学合成では、縮合に関係のないカルボキシ基とアミノ基を保護しておく必要があります。アラニルセリン（Ala-Ser）の合成では、無保護のアラニンとセリンと縮合剤 DCC[9] を混合すると、少なくとも Ala-Ser, Ser-Ala, Ala-Ala, Ser-Ser の4種、さらにはトリ、テトラ、…と縮合したオリゴペプチド、ポリペプチドまで生成する可能性があります。

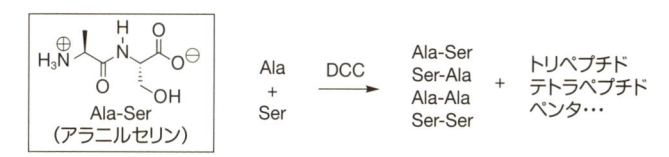

図 3-32. 無秩序な縮合反応

そこでアラニンのアミノ基を Boc（t-ブトキシカルボニル）基で、セリンのカルボキシ基をメチルエステルとして保護します。両者を DCC[9] で縮合した後に、塩基性でエステルを加水分解、酸性で Boc 基を除去して Ala-Ser を得ます。

図 3-33. ジペプチドの合成

縮合は以下のような機構で進みます。カルボキシ基が DCC の C 原子を求核攻撃して、活性化エステルになります。すなわちヒドロキシ基が脱離しやすい

---

[9] DCC　ジシクロヘキシルカルボジイミド（N,N'-dicyclohexylcarbodiimide）

図 3-34. DCC を用いたアミド結合形成反応機構

基に変換されました。そこにアミノ基の攻撃が起こり、アミド結合が生成します。DCC には 1 分子の H_2O が付加してウレア（尿素）誘導体になっています。

D. ペプチドの自動合成（Merrifield（メリフィールド）法）

通常の有機化学反応操作は、基質と試薬を溶媒に溶かして撹拌混合します（液相反応）。すなわち、

① 反応（基質、試薬と溶媒の混合・撹拌など）
② 後処理（反応の停止や試薬の不活性化と抽出・濃縮による粗精製）
③ 精製（粗生成物の再結晶やクロマトグラフィーによる純化）

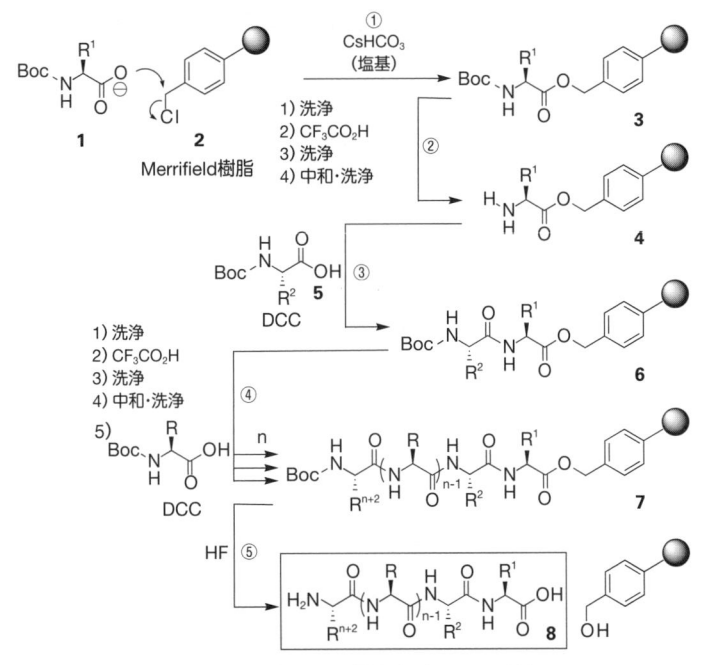

図 3-35. ペプチドの自動合成（Merrifield 法）

の三段階が必要です。一方，固相反応である Merrifield 法では，基質を担体に固定化してしまうため，後処理と精製が担体の「洗浄」だけですみます。操作が少なく簡便になったことより，ペプチドのようなくり返し構造をもつ物質の合成には，自動化された固相反応が威力を発揮します。

【Merrifield 法の手順（図 3-35)】
① Boc-アミノ酸 **1** を Merrifield 樹脂 **2** とエステル結合で結びます。
② 洗浄操作を行い，これまで用いた試薬や副生成物などを除去した後，**3** の Boc 基を脱保護します。洗浄・中和・洗浄操作を行います。
③ DCC を用いて次のアミノ酸を縮合します。
④ 同様の操作をくり返します。
⑤ 最後にフッ化水素（HF）を用いて，樹脂からの切り出しを行ってペプチドを得ます。

3-4. 脂質

脂質（lipid）は，水に不溶で非極性有機溶媒に可溶な有機化合物の総称です（表3-2）。一般にはアルカリ性でカルボン酸とアルコールにけん化[10]できるけん化性脂質（脂肪酸とアルコールのエステル）のことです。非けん化性脂質（その他の脂溶性物質）には，テルペノイドやステロイド，プロスタノイドなどが含まれます。これらには，ホルモンやフェロモンなど，生物種によって多様で重要な多くの情報伝達物質が含まれます。

表 3-2. 脂質の分類

脂質 （けん化性脂質）	単純脂質	油脂	長鎖脂肪酸とグリセロールのエステル（グリセリド）
		ロウ	長鎖脂肪酸と長鎖アルコールのエステル
	複合脂質	リン脂質	リン酸を含むグリセリド等
		糖脂質	糖を含むグリセリド等
		スフィンゴ脂質	スフィンゴシンと長鎖脂肪酸のアミド
その他 （非けん化性脂質）	テルペノイド，ステロイド，プロスタノイド		

[10] けん化　エステルを，塩基性条件でアルコールとカルボン酸塩に加水分解すること。

3-4-1. 単純脂質
A. 性質

　油脂もロウも分子全体が脂溶性です。油脂は長鎖脂肪酸とグリセロールのエステルです。室温で液状のものを油（oil），固体を脂肪（fat）とよびます。構成脂肪酸の (Z)-二重結合が多いほど，分子が折れ曲がり融点が低くなります。油脂の立体化学において，位置番号は，図のような Fischer 投影式の上から立体特異的番号 (sn-) 1, 2, 3 を付けて区別します。

油脂

Fischer 投影式

1-ミリストイル-2-パルミトイル-3-ステアロイル-sn-グリセロール

ロウ

鯨ロウ（抹香鯨）　　　蜜ロウ

長鎖脂肪酸

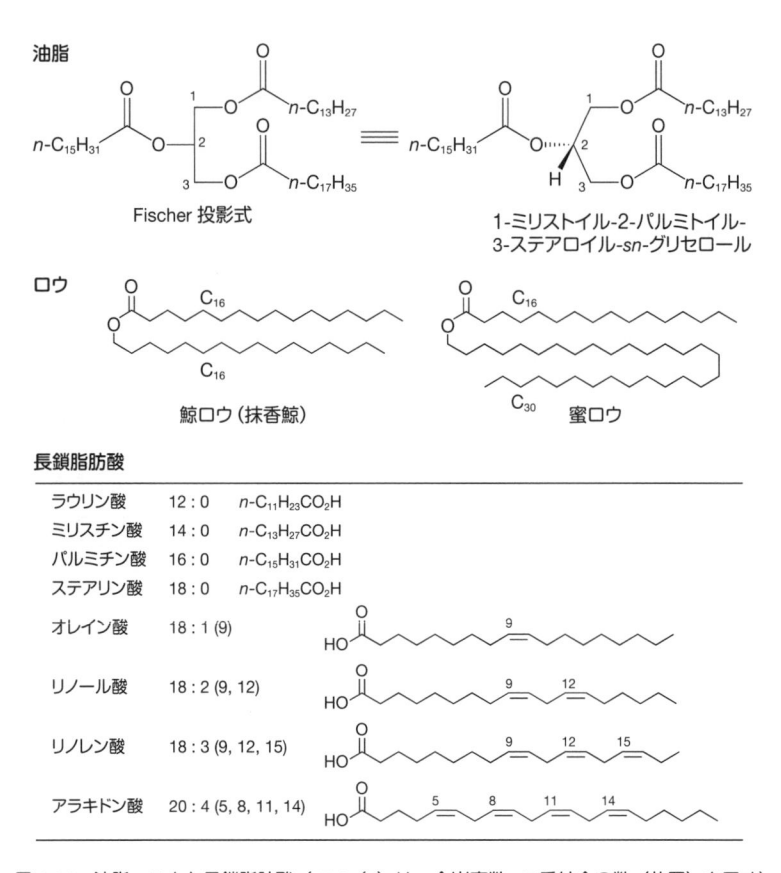

名称	炭素数:二重結合	式
ラウリン酸	12:0	n-$C_{11}H_{23}CO_2H$
ミリスチン酸	14:0	n-$C_{13}H_{27}CO_2H$
パルミチン酸	16:0	n-$C_{15}H_{31}CO_2H$
ステアリン酸	18:0	n-$C_{17}H_{35}CO_2H$
オレイン酸	18:1 (9)	
リノール酸	18:2 (9, 12)	
リノレン酸	18:3 (9, 12, 15)	
アラキドン酸	20:4 (5, 8, 11, 14)	

図 3-36. 油脂，ロウと長鎖脂肪酸（18:1 (9) は，全炭素数：二重結合の数（位置）を示す）

B. けん化

　脂肪をけん化して生じるカルボン酸塩が石けんです。水にも油にも溶ける両親媒性物質（界面活性剤）で，ナトリウム塩は固形，カリウム塩は液状です。水中では，油汚れを内側の疎水性部分に取り込み，球状のミセルを形成します。

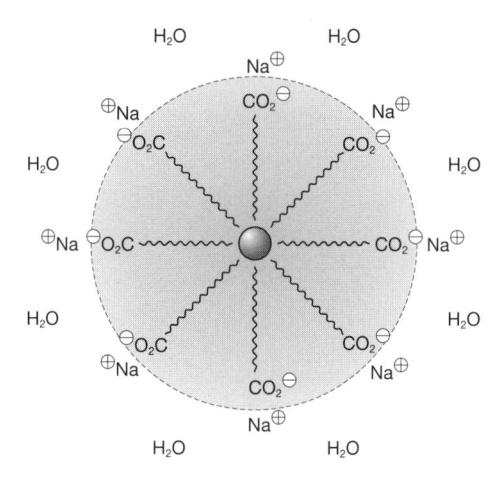

図 3-37. 石けんのミセル構造の模式図

C. 過酸化反応

非共役二重結合をもつ脂質は，活性酸素の存在によりラジカル的に酸化されて，過酸化脂質になります。これはがんや動脈硬化の一因とされています。活性酸素から生じるヒドロキシルラジカル（$\cdot$OH）が2つの二重結合に挟まれた反応性の高い位置のH原子を攻撃して，脂質ラジカル（$\cdot$L）が生成します。$\cdot$LはO_2と反応した後に，他の脂質分子（H–L）からH原子を引き抜いて過酸化脂質になります。$\cdot$LはさらにO_2と反応するので，これはラジカル連鎖反応です。

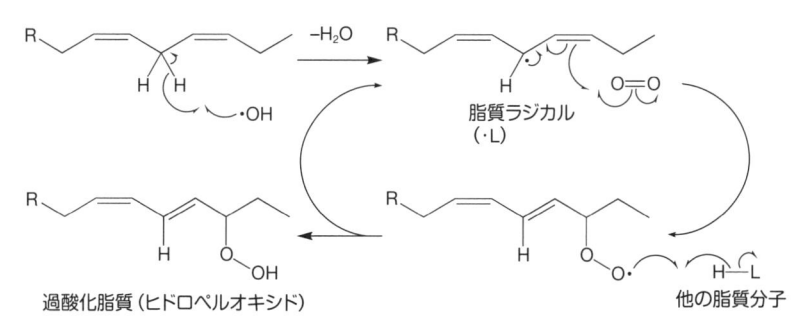

図 3-38. 過酸化脂質生成のラジカル連鎖反応

3-4-2. 複合脂質
A. リン脂質

主なリン脂質はホスファチジン酸エステルで，その両親媒性から生体膜（脂質二重膜）として重要な働きを担っています。脳神経細胞にはビニルエーテル結合をもったプラズマローゲンも多く存在します。

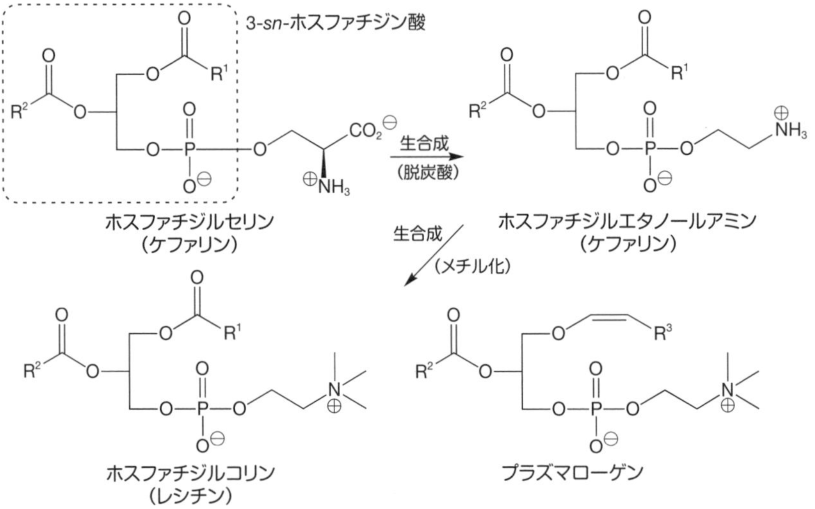

図 3-39. 代表的なリン脂質

B. 糖脂質とスフィンゴ脂質

細胞膜成分として，さまざまなグリセロールのグリコシドやスフィンゴシンを含む脂質などが知られています。細胞表層で細胞認識部位として機能したり，キノコの子実体形成の引き金となるなど，さまざまな生物活性を示すものが知られています。

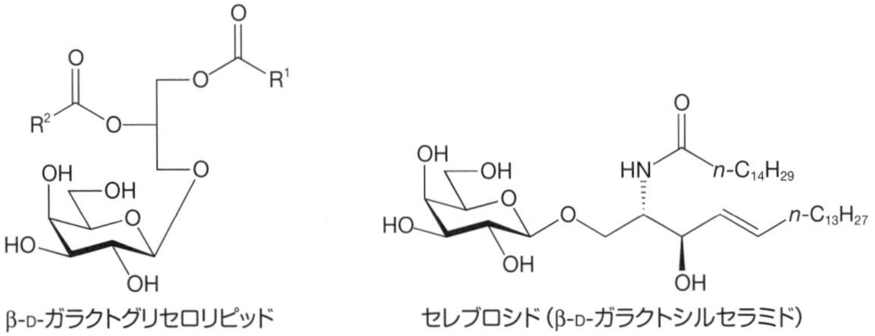

図 3-40. 糖脂質とスフィンゴ脂質

第 3 章　生体成分の化学

3-4-3. 非けん化性脂質

　非けん化性脂質とは，単純脂質や複合脂質以外の脂溶性物質を示す用語で，現在はあまり使われません。生物種によって特有なフェロモンや共通性の高いホルモンなど，微量で生物の働きをコントロールするさまざまな低分子化合物が含まれます。これらは生合成経路によって，テルペノイドとステロイド（メバロン酸経路）やポリケチドとプロスタノイド（脂肪酸合成経路）などに分類されています。ポリケチドには脂肪酸も含まれます。

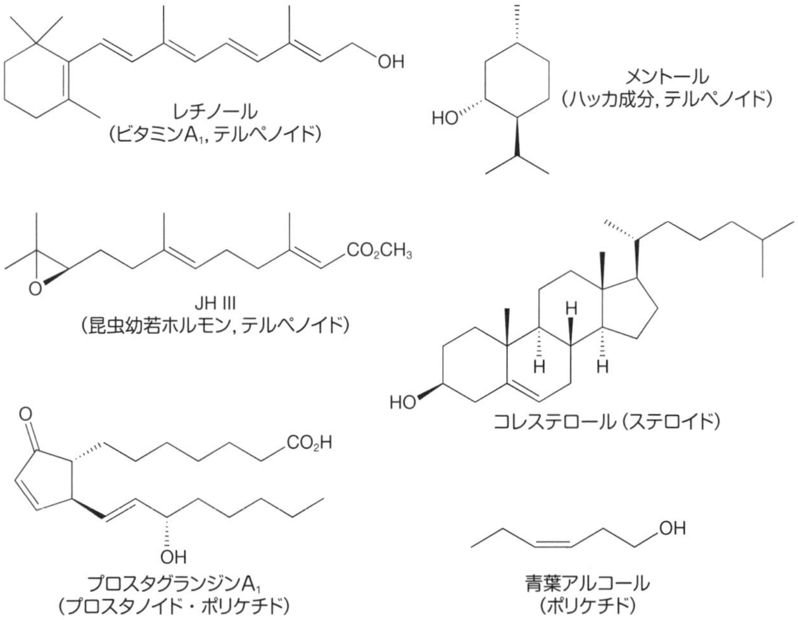

レチノール
（ビタミンA_1，テルペノイド）

メントール
（ハッカ成分，テルペノイド）

JH III
（昆虫幼若ホルモン，テルペノイド）

コレステロール（ステロイド）

プロスタグランジンA_1
（プロスタノイド・ポリケチド）

青葉アルコール
（ポリケチド）

図3-41．その他の脂質

第4章 生化学反応の有機化学的解釈
酵素反応と化学反応

　生体内の反応は，中性に近い pH と 40℃程度の温度で進行する必要があります。そのため活性化エネルギーを小さくする酵素触媒が必須であり，また反応性の大きいカルボニル基が主役になります。本章では，カルボニル基を中心に，縮合・加水分解，C−C 結合形成，酸化還元に関する酵素反応を，有機化学の視点から勉強します。生体内の酵素反応もフラスコ内の化学反応も同じしくみで起こることを知れば，未知の生化学現象を正しく理解する目が養えるはずです。

4-1. 縮合・加水分解反応

　カルボニル基が関与する本反応は，ケトンのアセタール交換反応とカルボン酸誘導体の相互変換の2つに分類できます。

4-1-1. ケトン誘導体の相互変換（グリコシル化・アセタール交換反応）

　図 2-37 に示したケトン誘導体間の反応には，グリコシル化反応や Schiff 塩基の形成が含まれます。ここではグリコシル化−加水分解を触媒するグリコシダーゼを見てみましょう。図 4-1 は，デンプンの α-1,4-グリコシド結合を加水分解するアミラーゼなどの α-グリコシダーゼの反応機構です。
　酵素のカルボキシ基によるプロトン化 [1] と **B** 残基のアシスト & 脱離 [4] が同時に進み，オキソニウムカチオン **A'** が生成します。経路 a では，脱離した **B'** 残基の 4-位が α-面をブロックすることにより，水の求核攻撃 [2] と脱プロトン化 [5] は β-面で起こり，β-**A''** が生成します。頻出例題 3-1 と同じ反応機構ですね。一方（経路 b），カルボキシアニオンが直接求核攻撃して [2']，いったんアセタール **C** を経由，これに水が求核攻撃して [2][5]，α-型ヘミアセタール α-**A''** になる酵素もあります。立体配置は 2 回反転して保持されています。このほかに β-グリコシド結合にかかわる β-グリコシダーゼなど，さまざまな

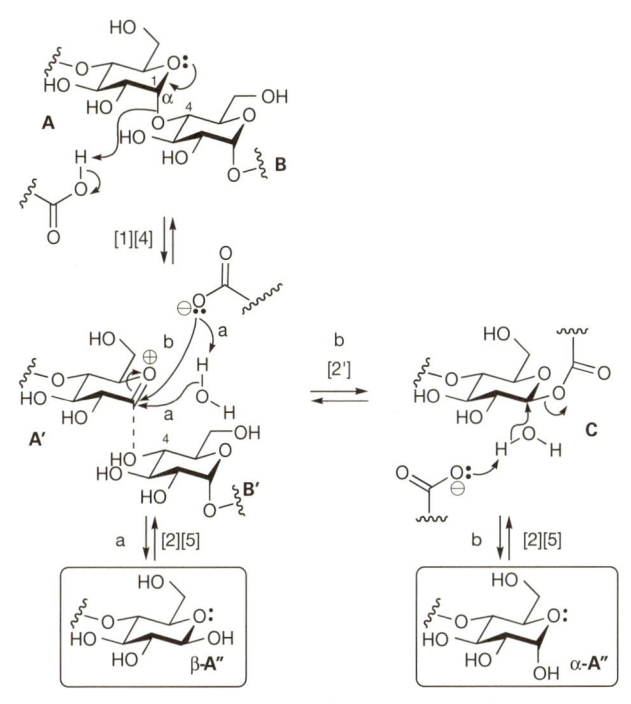

図 4-1. α-グルコシダーゼによる糖鎖の加水分解

基質特異的に働く酵素が存在します。ヒトはβ-グリコシダーゼをもたないので，β-1,4-結合をもつセルロースを加水分解できません。

4-1-2. カルボン酸誘導体の相互変換

カルボン酸とその誘導体（無水物，エステル，アミド，チオールエステル等）との相互変換は，生体内のいたるところで行われています。図3-19で紹介したリボースのリン酸エステルへの変換も同種の反応です。けん化性脂質を例にカルボン酸とエステルの相互変換を見てみましょう。

トリアシルグリセロールは小腸で加水分解を受けた後，腸壁細胞内に輸送，再構築されます。これらには別の酵素がかかわっています。

図 4-2. けん化性脂質エステル結合の相互変換

A. リパーゼ（加水分解）

エステルの加水分解は，脱離性のよいカルボン酸（脂肪酸）が生成するので，直接的に進行します。酵素の活性中心では，Asp, His, Ser の3アミノ酸残基が，$H^⊕$ の受け渡しを通じて触媒作用を示します（図 4-3）。

[2] Asp 残基のカルボキシ基が，隣接する His 残基イミダゾリル基の塩基性を増大させ，Ser 残基のヒドロキシ基を脱プロトン化します。不安定なアルコキシアニオン（$RCH_2O:^⊖$）を生じさせないように，協奏的（同時）にアシルグリセロールへの求核攻撃が起きます。

[4] アルコキシ基（RO）が His 残基の N–H 基からプロトン化を受け取り，ROH（グリセロール部）がアシスト＆脱離します。Ser 残基上に脂肪酸が移っています。

[2'] Ser 残基上のエステルを H_2O が求核攻撃します。

[4'] 再びアシスト＆脱離によって酵素から脂肪酸が外れ，元に戻ります。一連の反応を触媒サイクルとよびます。

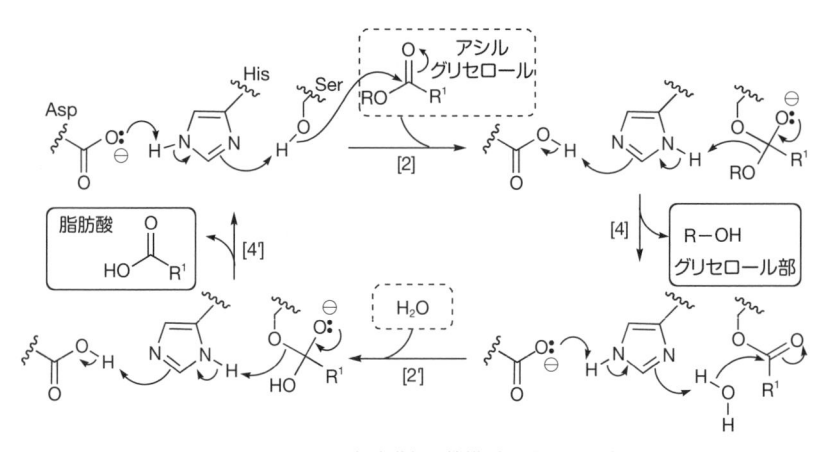

図 4-3. エステル加水分解の機構（触媒サイクル）

B. モノアシルグリセロールアシル転移酵素（エステル化）

エステル化は，カルボン酸とアルコールが脱水縮合する反応です。ただし，カルボン酸は求電子性が小さく，$HO:^⊖$ も脱離しにくいので，あらかじめカルボン酸を活性化する必要があります。ペプチド合成において，カルボン酸と DCC から活性化エステルを調製する例と似ています（図 3-34 参照）。

反応の前半①②は，アシル CoA シンテターゼ（合成酵素）で触媒されます。ATP と補酵素[1] A（CoA-SH，図 3-14 参照）を必要とします。エネルギーを消

費してカルボン酸を活性化エステルに変換します。

① Mg^{2+} で活性化された ATP の P=O 原子にカルボキシアニオンが求核攻撃，二リン酸（PPi）が脱離し，反応性の大きいリン酸無水物 **A** になります。

② **A** に CoASH が求核置換して，活性化エステルであるアシル CoA（**B**）が生成します（4-2-2 参照）。

③ **B** のアシル基（RC=O）がアシル転移酵素の Cys 残基のスルファニル基（-SH）上に移動し，

④ グリセロール部と置換してアシルグリセロールが合成されます。

全 4 工程をかけて，カルボニル基上での求核置換反応が達成されました。ATP のエネルギーは，基質を反応性の大きいリン酸との無水物に変換することで消費されています。P=O 基と C=O 基の反応は似ています。

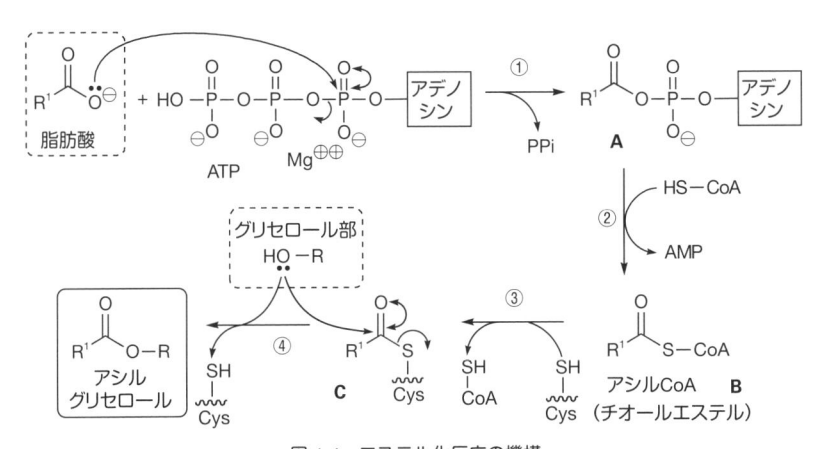

図 4-4. エステル化反応の機構

4-2. C−C 結合形成反応

C−C 結合の形成は，分子骨格を構築するために最も大切な手段です。生体内では，強力な塩基や酸を用いないかわりに，巧妙なしくみで反応が進みます。3 つの例を紹介しますが，最近では Diels-Alder 反応を触媒する酵素など，生物と化学の差をつめる興味深い発見もされています。

---

[1] 補酵素は，基質と酸化還元や縮合などの化学反応をして，酵素の働きを助ける低分子化合物。

4-2-1. アルドール反応

　解糖系は，グルコース1分子をピルビン酸2分子に分解してエネルギーを得る過程です。その中でC_6化合物から2分子のC_3化合物が生成する段階は逆アルドール反応であり，酵素アルドラーゼで触媒されます。この反応は可逆で，分解が解糖，合成が糖新生と，実際に両方向の過程が進んでいます。

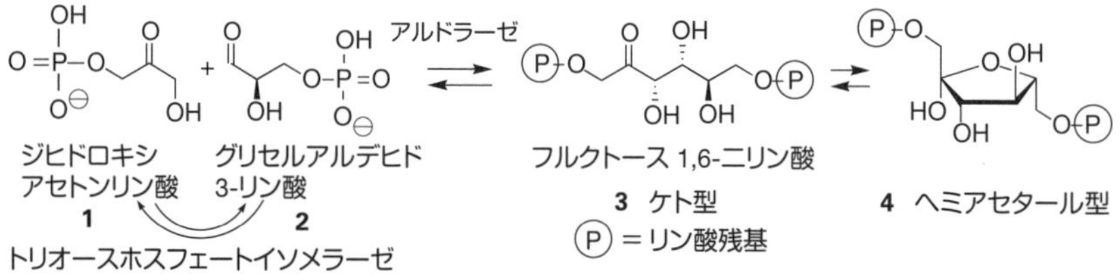

図 4-5. 解糖系におけるアルドール反応

　このアルドール反応は，実際はイミン－エナミンを経由します。酵素のリジン（Lys）残基とエナミンを形成することにより基質が酵素に固定されます。またエナミンになることで反応性（求核性）も向上します。では，段階を追って詳しく見ていきましょう。

（1）トリオースホスフェートイソメラーゼ

　まずジヒドロキシアセトンリン酸（**1**）がグリセルアルデヒド3-リン酸（**2**）に異性化する反応です。**1**は3-位で脱プロトン化（エノール化）し，2-位が立体選択的[2]にプロトン化されて，アルデヒド**2**となります（頻出例題3-2参照）。酵素のGluとHis残基がプロトンの授受に関与しています。酵素では，適切な立体空間に酸と塩基が配置されていることにより，位置／立体選択性が高くな

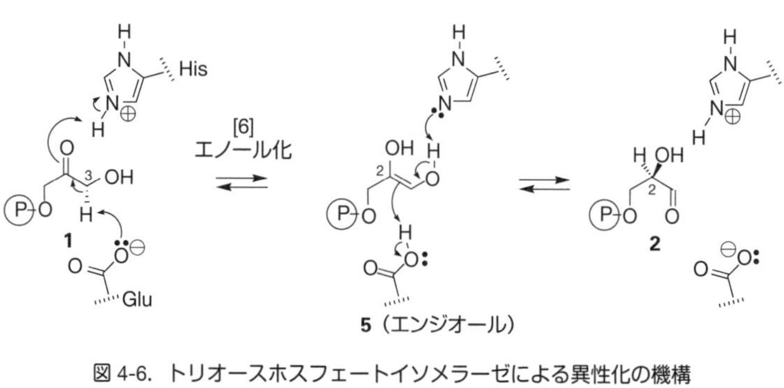

図 4-6. トリオースホスフェートイソメラーゼによる異性化の機構

---

[2] 対称な構造の一方から試薬の攻撃が起こること。また，一方の立体異性体が優先して生成すること。この場合は (R)- 体のみが生成し，(S)- 体は生じない。

第4章　生化学反応の有機化学的解釈

り，かつ活性化エネルギーも小さくなります。

(2) アルドラーゼ

一方，**1** は酵素の Lys 残基のアミノ基とイミン **6**（Schiff 塩基）を形成後，エナミン **7** となります。ここで **7** と **2** 間で C–C 結合が形成されて **8** となり，最後にイミン部分が加水分解されて **3** が生成します。

このようにエナミンの反応（図 2-43 参照）と同じ機構で進行することがわかりますね。

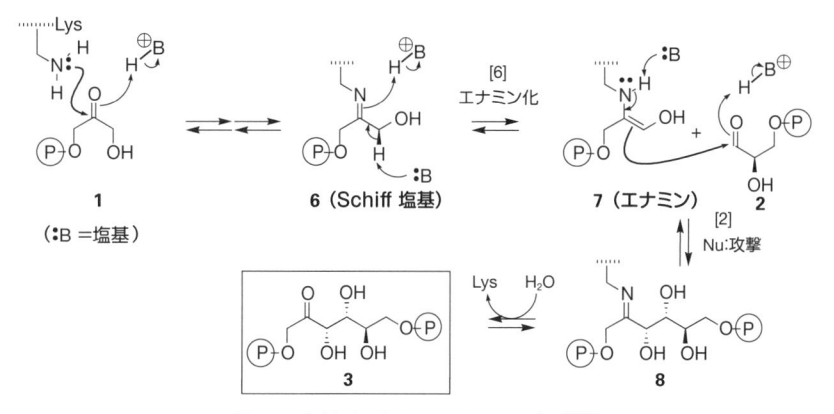

図 4-7. 解糖系におけるアルドラーゼの機構

4-2-2. Claisen（クライゼン）反応
A. スルファニル基（–SH）

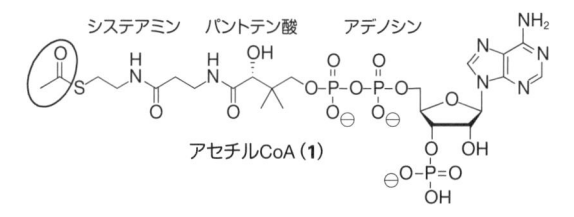

図 4-8. アセチル CoA（アセチル補酵素 A）の構造

Claisen 反応も生体内で最も重要な C–C 結合形成反応です。アルドール反応と同じく，カルボニル基の働きが穏やかな条件での反応を支えています。その多くに補酵素 A（**1**）がかかわっています（4-1-2 参照）。鍵となるのは，末端にあるスルファニル基（–SH）とアシル化されたチオールエステルです。一般式 RSH の化合物はチオールやスルファンとよびます。チオールエステル

はケトンと同程度の反応性を示します（p.64の表2-2参照）。S原子とO原子は同族体ですが，反応にかかわる最外殻電子の軌道が異なるため，ほとんどR効果を示しません。一方，S原子の電気陰性度はC原子と同じ2.5ですから，ケトンと似ているわけです。以下にチオールエステルの性質をまとめました。

【チオールエステルの性質】
i) 同じエステルよりも容易に加水分解されます。水酸化物イオンは攻撃しやすいうえに，メチルスルファニル基は脱離しやすく [**6**, pK_a (MeSH) ~10]，速やかにカルボン酸塩（**5**）になります。
ii) エステルよりもエノール化しやすい（ケトンと同程度）。
iii) R効果が小さく，共鳴構造 **10** をとりにくい。
iv) S原子はO原子よりも塩基性は小さく，求核性は大きくなります

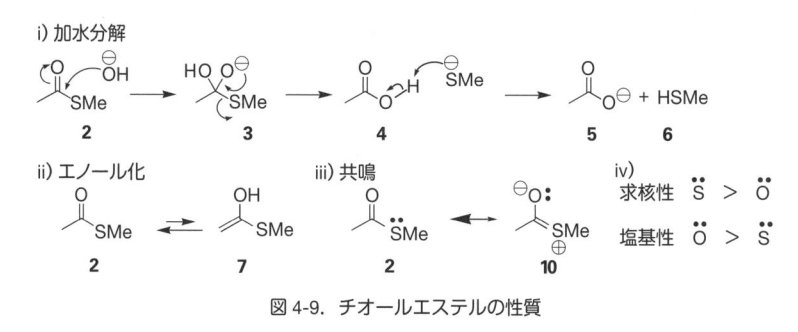

図4-9. チオールエステルの性質

頻出例題4-1 以下の(1)〜(5)の特徴に該当する化合物の番号を答え，理由を簡単に書け。

(1) カルボニル炭素の δ^+ 性が最も強い化合物。
(2) カルボニル炭素の δ^+ 性が最も弱い化合物。
(3) C–X (X = 各ヘテロ原子) 結合の二重結合性が最も強い化合物。
(4) **2**と**3**のうち，エノール化しやすい化合物。
(5) 最も加水分解を受けやすい化合物。

解答 (1) **4**：Cl原子は -I 効果が強くR効果が小さいため。

134　第4章　生化学反応の有機化学的解釈

(2) **1**：N 原子は -I 効果が小さく R 効果がきわめて大きいため。
(3) **1**：N 原子は R 効果がきわめて大きいため。
(4) **3**：S 原子は -I 効果も R 効果もほとんど示さないが，O 原子は -I 効果を上回る R 効果を示し，カルボニル炭素の δ^+ 性が弱まるため。
(5) **4**：カルボニル炭素の δ^+ 性が大きいほど攻撃を受けやすいため。

B．3-ケトチオラーゼ Claisen 反応

フラスコ内と生体内での反応で大きく異なるのは pH です。生体内で強塩基性や強酸性条件をつくり出すことは困難です。中性付近の穏やかな pH 条件で反応の活性化エネルギーを下げ，$H^{\oplus}$ のやりとりをスムーズにするために，酵素内では適切な空間に位置する（鍵と鍵穴）複数の酸－塩基が共同で働いています。活性中心では金属原子や酸性・塩基性アミノ酸残基が反応にかかわっています。生体内で起こる Claisen 反応の例として，3-ケトチオラーゼの働きを見てみましょう。

アセチル CoA（**1**, pK_a ~23）は脱プロトン化と同時に O 原子上でプロトン化を受け，エノール **2** となります。**2** は別の分子 **1'** を攻撃して **3**，CoA 分子（CoASH, **5**）が脱離してアセトアセチル CoA（**4**）が生成します。図 2-57 と同じ機構で進んでいますね。異なるのは，酵素によって中間体に不安定なアニオンが生じないように工夫されている点です。

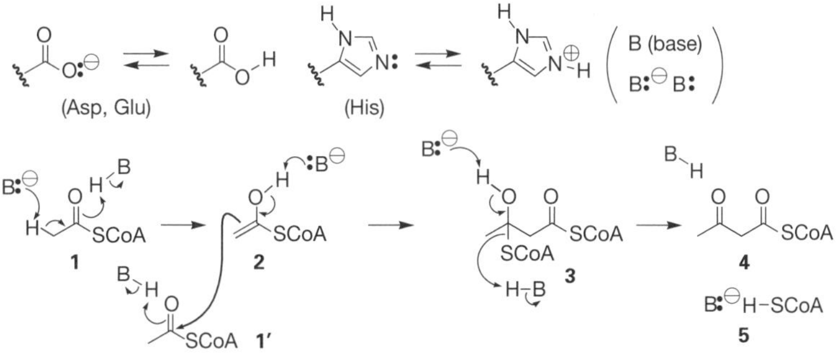

図 4-10．生体内 Claisen 反応の例

> **頻出例題4-2** ▶ 脂肪酸の分解過程では逆 Claisen 反応が働く。以下を参考に，その反応機構と生成物を考えよ。

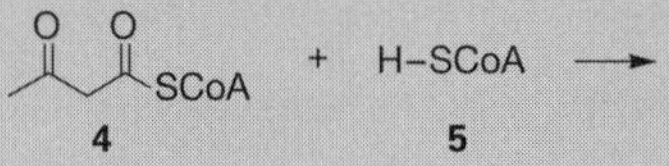

$$\underset{4}{\text{O O}\atop{\text{SCoA}}} + \underset{5}{\text{H-SCoA}} \longrightarrow$$

解答 図4-10の逆反応で2分子のアセチルCoA (**1**) が生成します。

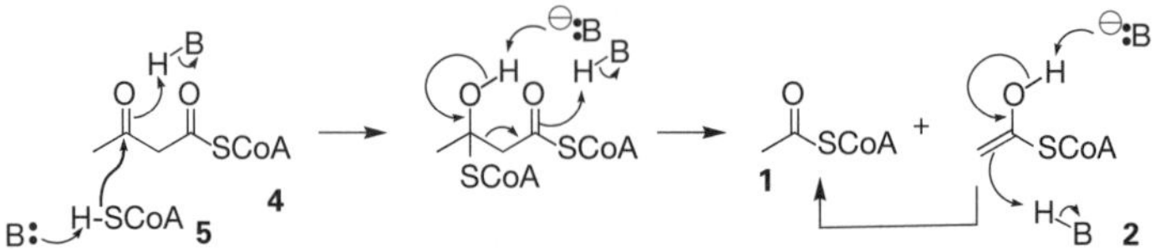

4-2-3. メチル化反応（SAM（*S*-アデノシルメチオニン））

　カルボニル基の関与しない，S_N2 型の C–C 結合形成反応も知られています。メチル基転移酵素によって触媒されるメチル化反応は，さまざまな化合物の生合成や DNA の翻訳調節など，重要な働きを担っています。SAM (**1**) は生体内で働く代表的なメチル基供与体です。図4-11のように ATP (**2**) とメチオニン (**3**) から S_N2 反応によって生合成されます。SAM は S 原子上に正電荷を帯びているため，中性のスルフィドが脱離，すなわち「$Me^{\oplus}$」が生じやすくなっています。ヨードメタンや硫酸ジメチルと同じ機構の S_N2 反応です（2-3-1，頻出例題 2-2，3-6 参照）。

　リン脂質の一種ホスファチジルコリン（図3-39参照）は，4級アンモニウム塩で正電荷を帯びています。図4-12のように，ホスファチジルエタノールア

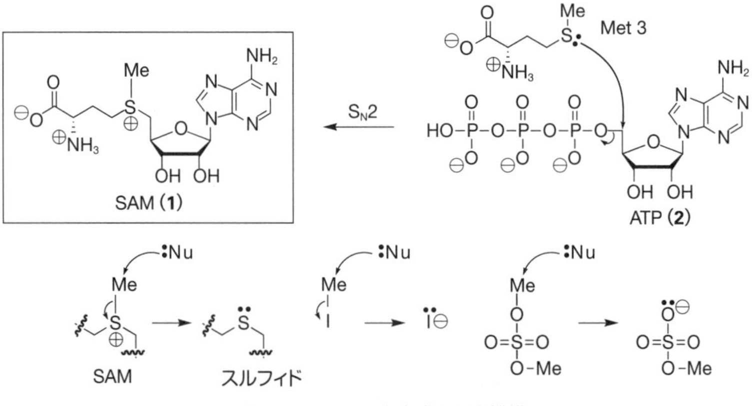

図 4-11. SAM の生合成と反応機構

第4章　生化学反応の有機化学的解釈

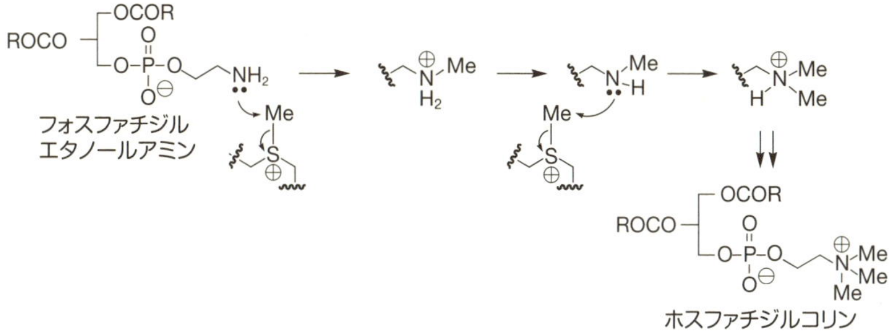

図 4-12. ホスファチジルエタノールアミンのメチル化反応

ミンが SAM によって 3 回メチル化を受けて生合成されます（図 3-39 参照）。

> **頻出例題4-3** SAM と同様に働くメチル化剤を選び，理由を書け。
>
> H_3C-NH_2 （1）　H_3C-Cl （2）　$H_3C-O-CH_3$ （3）　$H_3C-O^+(CH_3)CH_3$ （4）　$H_3C-MgBr$ （5）

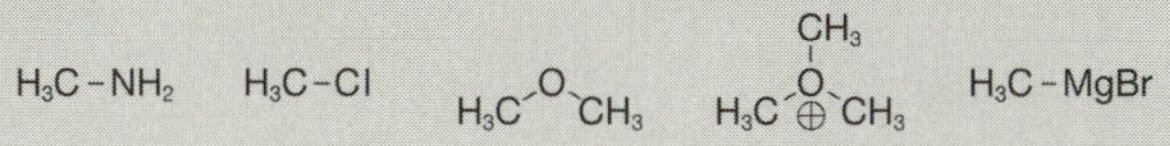

解答　$CH_3^{\oplus}$ を放出した残りの構造（$X:^{\ominus}$）が安定なほどメチル化は進行しやすくなります。そこで CH_3-X を $H-X$ に見立てて，その pK_a 値を考えます（表 1-2 参照）。pK_a が小さいほど安定で，（$H^{\oplus}$ と同じく）$CH_3^{\oplus}$ が外れやすいことになります。**2** と **4** は共役酸の pK_a がきわめて小さいので，よいメチル化剤です。**1** と **3** は働きません。**5** は逆に $CH_3:^{\ominus}$ として働きます（Grignard 試薬）。

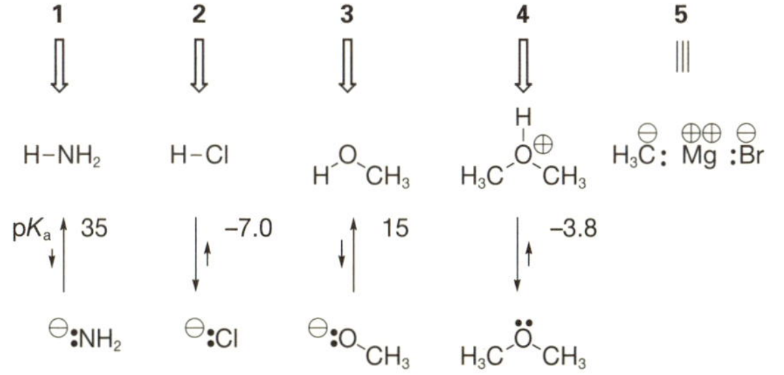

1	2	3	4	5
$H-NH_2$	$H-Cl$	$H-O-CH_3$	$H-O^+(H)(CH_3)CH_3$	$H_3C:^{\ominus}\ Mg^{\oplus}\ :Br^{\ominus}$
pK_a 35	−7.0	15	−3.8	
$^{\ominus}:NH_2$	$^{\ominus}:Cl$	$^{\ominus}:O-CH_3$	$H_3C-O-CH_3$	

4-3. 酸化・還元反応

生体内の反応は穏やかに進行する必要がありますので，酸化還元においても

Jones 試薬（CrO_3-H_2SO_4）や $LiAlH_4$ に相当する強力な分子は存在しません。本反応の主役は酵素と共同で働く補酵素やビタミン類ですが，穏やか故に逆反応も容易で，1つの分子が酸化剤としても還元剤としても働きます。

4-3-1. NAD$^{\oplus}$（ニコチンアミドアデニンジヌクレオチド）[3]

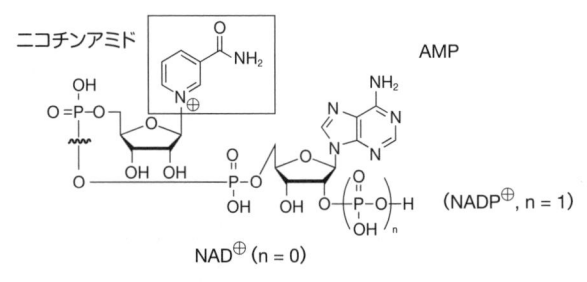

図 4-13. NAD(P)$^{\oplus}$ の構造

A. カルボニル基の還元

　NAD$^{\oplus}$・NADH は，生体内で働く代表的な酸化・還元剤（補酵素）です。大きな分子の中で重要なのはニコチンアミド部分です。乳酸脱水素酵素におけるカルボニル基の還元反応を例に見てみましょう。生体内には Al–H や B–H のように大きく分極・イオン化したヒドリド（H:$^{\ominus}$）は存在できません（たちまち水と反応してしまう！）が，NADH の C–H 結合は巧妙なしくみで H:$^{\ominus}$ を放出します。ピルビン酸（**1**）のケトン性カルボニル基は H$^{\oplus}$ のかわりに酵素活性中心にある $Mg^{2\oplus}$ で活性化されます（**2**）。そこに図のような電子移動が起きて NADH から H:$^{\ominus}$ がカルボニル基の片面を攻撃，光学活性な (S)-乳酸（lactate, **3**）が生成します。NAD$^{\oplus}$ は正電荷を帯びるかわりに，安定な芳香族であるピリジ

○ 電気的に中性　　　× 正電荷
× 非芳香族　　　　○ 芳香族

反応の一般式

図 4-14. 乳酸脱水素酵素の反応

---

[3] nicotinamide adenine dinucleotide

ン環となっています。逆の酸化反応でNAD$^⊕$がH:$^⊖$を受け取る場合は，電気的に中性に戻りますが芳香族ではなくなります。このバランスが，還元・酸化両方向に活躍できる秘訣といえましょう。反応全体では，カルボニル基にH$_2$（H:$^⊖$とH$^⊕$）付加したことになります。

頻出例題4-4 解糖系においてグリセルアルデヒド3-リン酸脱水素酵素は次の3段階の反応を触媒する。①アルデヒド**1**とチオールからチオヘミアセタール**2**の形成。② NAD$^⊕$によるチオールエステル**3**の生成（酸化反応）。③リン酸による求核置換反応。②および③の機構を書け。

グリセルアルデヒド3-リン酸 **1** → **2** → **3** → 1,3-ジホスホグリセリン酸 (**4**)

解答 ②酵素内の塩基がチオヘミアセタール部分のプロトンを引き抜き，H:$^⊖$ がNAD$^⊕$に渡されて**3**が生成します。図4-14の逆反応です。③これはエステル交換反応です。リン酸が**3**のカルボニル基を求核攻撃し，チオールが脱離して，リン酸無水物**4**が生成します。

B. 還元的アミノ化反応

窒素循環の要であるグルタミン酸は，α-ケトグルタル酸の還元的アミノ化で

図 4-15. グルタミン酸の生合成

生合成されます。図 2-44 と図 4-14 の反応の組み合わせです。まずアンモニアと **1** からイミニウム塩 **2** が生じ、NADPH から立体選択的な還元を受けて、**3** となります。化学反応では、NAD(P)H のかわりに $NaBH_4$ や H_2/PtO_2 を用いて同様の反応を行うことができます（2-8-2 参照）。

4-3-2. 1 電子酸化・還元反応（FAD, CoQ, ビタミン E）
A. FAD（フラビンアデニンジヌクレオチド）[4]

　FAD は、$NAD^⊕$ と類似の酸化・還元に働く補酵素で、$NAD^⊕$ のリボース－ニコチンアミド構造がリビトール－フラビンに換わっています。FAD ではラジカル反応機構で酸化還元が起こること、還元型の $FADH_2$ は水素が付加した形になることが大きな特徴です。リボフラビンはビタミン B_2 として知られています。

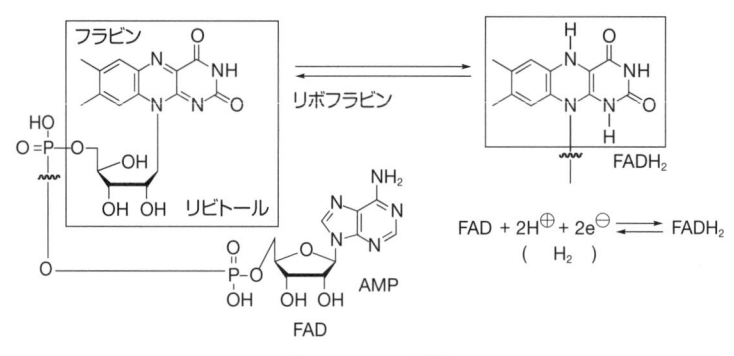

$$FAD + 2H^⊕ + 2e^⊖ \rightleftharpoons FADH_2$$
$$(\quad H_2\quad)$$

図 4-16. FAD の構造

　酵素複合体において $Fe^{2⊕}$ から還元を受ける際のラジカル反応機構を示します。

---

[4] flavin adenine dinucleotide

① FAD（**1**）の窒素ローンペアがプロトン化を受けます（**2**）。
② Fe（Ⅱ価）から1電子を奪って，中性のセミキノン（ラジカル）**3** が生成します。
③ 再びプロトン化を受けて（**4**），
④ Fe（Ⅱ価）から1電子を奪って，FADH$_2$（**5**）が生成します。

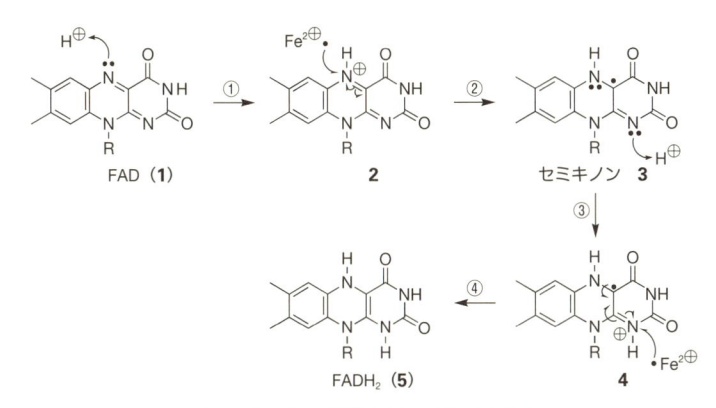

図 4-17. Fe（Ⅱ価）による FAD の還元

B. 補酵素 Q

電子伝達系では，プロトンの濃度勾配を利用して ADP をリン酸化して ATP を生合成しています（酸化的リン酸化）。この過程で，Fe^{2+} から電子を受け取る（酸化）役割を果たす分子が，補酵素 Q（ユビキノン[5]，CoQ）です。補酵素 Q はキノンであり，還元されてヒドロキノン型のユビキノールになります。

図 4-18. ユビキノンの還元反応

> **頻出例題4-5** ▶ 同様に働く有機反応試薬としては DDQ[6] が知られている。次の反応機構を考えよ。

---

[5] ubiquinone

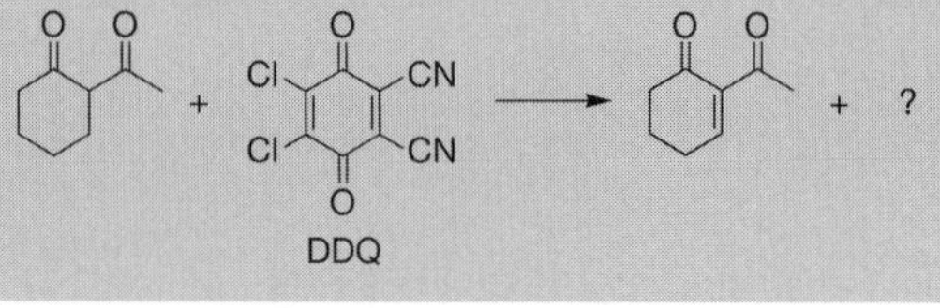

解答　以下のような 1 電子ずつの移動が起きます。脱水素なので酸化反応です。試薬のキノン体は還元されてヒドロキノン体になります。

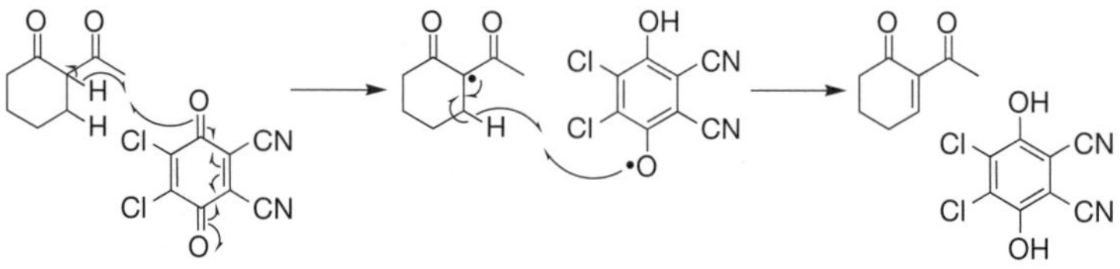

C. ビタミン E

抗酸化物質として知られる α-トコフェロール（**1**，ビタミン E）には，過酸化脂質生成のラジカル反応（図 3-38）を停止する働きがあります。ヒドロキノン型構造をしていますので，自身がキノン型に酸化されることで，相手を還元します。反応機構と生成物はとても複雑ですが，一例を図 4-19 に示しました。**1** が脂質ラジカルと反応し，キノン誘導体 **3** などに変化して，ラジカルを消去します。

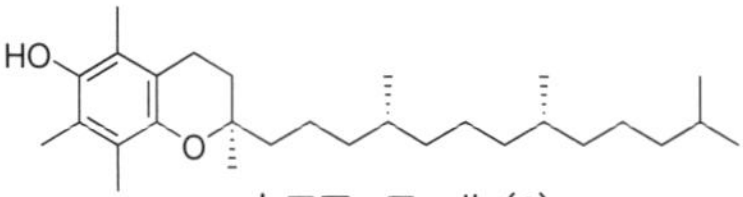

α-トコフェロール（**1**）

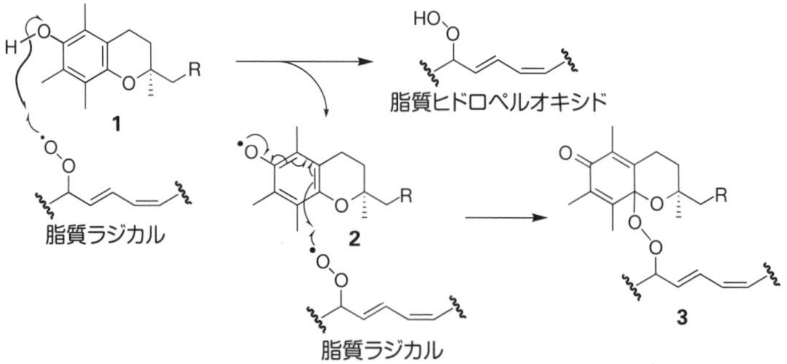

図 4-19. ビタミン E の脂質過酸化連鎖反応の停止機構

6　2,3-dichloro-5,6-dicyano-*p*-benzoquinone

第5章 有機化合物の合成デザイン

本章では，低分子有機化合物の合成デザインを勉強します。有機化学はもちろん生化学を志望する学生にも，本章は有機化学学習の集大成になります。受け身的な知識習得と異なり，合成デザインでは能動的かつ創造的な作業が必要です。これまで培った有機化学の能力を総動員してさまざまな化合物に挑戦することにより，「化学的に分子を見る目」を飛躍的に高めることができます。

5-1. 合成と逆合成解析

医薬や農薬などの化学薬品のほとんどは，合成によって供給されています。合成（synthesis）とは，**目的化合物を簡単な出発物質から数～数十段階の化学変換を経てつくること**です。では，合成はどのように計画したらよいか，仮想の標的分子（target molecule）**TM**を例に考えましょう。

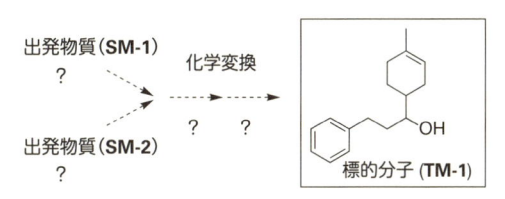

図 5-1-1. 標的分子をどのように合成しよう？

5-1-1. 逆合成解析

多段階の変換が必要な標的分子**TM**に対して，いきなり出発物質（starting material）**SM**と変換経路を考案することは至難の業です。そこでまず，一段階だけ前（前駆体と最終段階の反応）を考えます。それから同じようにもう一段階前，一段階前，とくり返してさかのぼって，出発物質に適した簡単な化合物と経路を探し当てます。この操作を**逆合成解析**（retro-synthetic analysis）と

よびます。図 5-1-2 を見てみましょう。

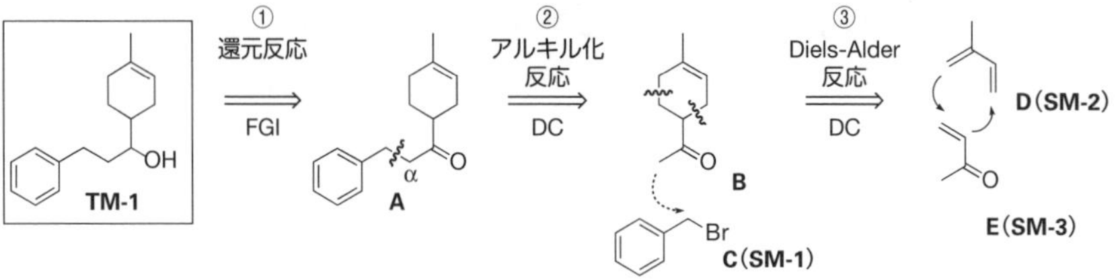

図 5-1-2．逆合成解析の例（計画立案）

① ここでは **TM-1** の前駆体としてケトン **A** を想定しました。さかのぼる過程には特別な矢印（⇒）を用い，ケトンをアルコールに還元する反応を逆にたどっています（官能基相互変換：FGI[1]）。

② 続いて **A** の前駆体を考えます。ケトンなのでα-位のアルキル化を考えてみました。それを逆にたどり，C – C 結合に波線をいれて切断（DC[2]）します。するとケトン **B** とベンジルブロミド（**C**）になります。**C** は入手容易なので出発物質になります（**SM-1**）。

③ **B** は Diels-Alder 反応（2-10 参照）を用いれば，イソプレン（**D**, **SM-2**）とメチルビニルケトン（**E**, **SM-3**）から合成できます。これで出発物質もそろい，逆合成解析が終了しました。

5-1-2．合成（計画の確認）

解析した結果にしたがって合成経路を組立てましょう（図 5-2）。試薬や条件を具体的にあてはめます。**D** と **E** の Diels-Alder 反応で **B** をつくります。強塩基 NaH を作用させてから **C** を用いてアルキル化すれば **A** が生成します。この反応では位置異性体 **A'** が副生するかもしれません。最後に $NaBH_4$ で還元すれば **TM-1** を合成できるでしょう。

　この **TM-1** を合成する手段は，ほかにも複数考えられます。あきらかな矛盾がない限りすべてが正解です。知識を総動員してオリジナルな経路を自由に創造してください。矛盾が生じないように，正しい知識を用いること，分子全体に気を配ることが「分子を見る目」の向上につながるのです。章末の図 5-37，5-38，表 5-1 に，合成化学でよく使われる反応や物質をまとめましたので，必

---

[1] functional group interconversion

[2] disconnection

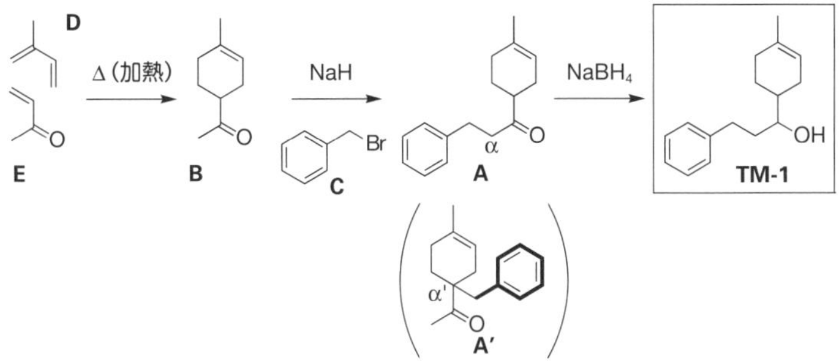

図 5-2. 合成経路の例（具体的な試薬や条件）

要に応じて参照しながら以下の合成計画を勉強しましょう。

5-2. 合成計画の立て方1〜炭化水素を例に〜

　ほとんどの合成工程ではイオン性反応を用いるので，C–C 結合形成の前駆体には，求核性分子 C:$^{\ominus}$ と求電子性分子 C$^{\delta+}$ を想定します（図 5-3）。求核性分子は Grignard 試薬やアセチリド[3]，エノラートなどのアニオンです。求電子性分子の多くは脱離基の結合した C$^{\delta+}$ やカルボニル基を含みます。ひずみの大きいエポキシドも求電子性分子として働きます。組み合わせを換えることでさまざまな分子骨格が形成できます。

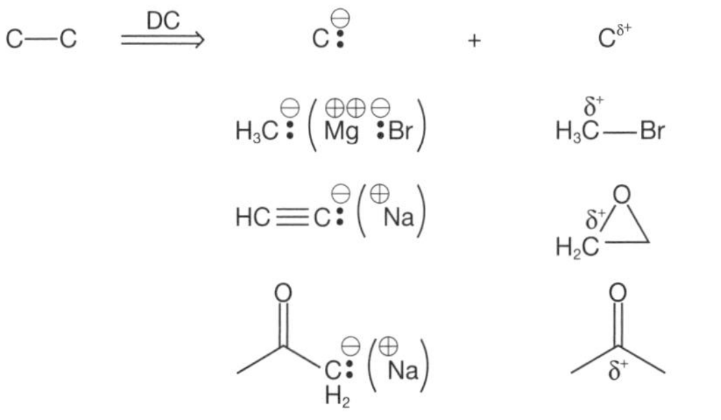

図 5-3. C–C 結合の切断と求核性分子・求電子性分子

---

[3] acetylide　アセチレンから生じるアニオンのこと。

5-2-1. 単純な炭化水素の合成（単純な切断）
A. 逆合成解析

ヘキサン（**TM-2**）を目的物に設定して，合成を考えます。3か所（a, b, c, 図 5-4）が可能ですが，真ん中の c で切断してみましょう。中央で **1** と **2** に分けます。**1** は **2** から合成できるので，出発物質を 1-プロパノール（**3**）1 種類にすることができます。

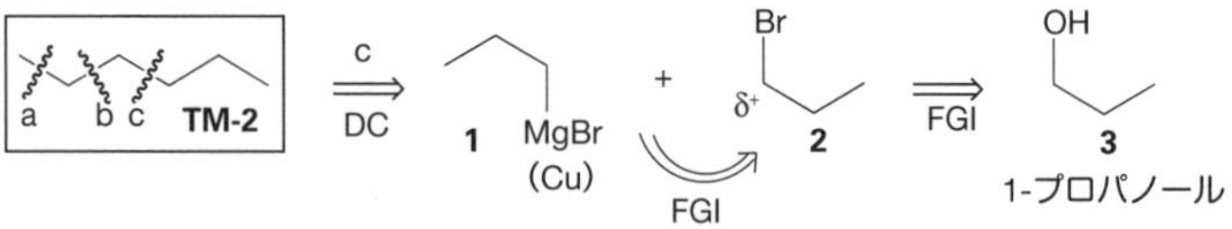

図 5-4. ヘキサンの逆合成解析

B. 合成例

3 のヒドロキシ基をブロモ基に変換すれば **2** となります。**2** と金属 Mg から調製する Grignard 試薬 **1**（図 2-49 参照）が CuBr 触媒によって有機銅試薬[4] **1'** になり，**2** とカップリング反応を行えばヘキサン（**TM-2**）が合成できます。ブロミドは求電子性分子ですが，Mg から電子をもらって求核性分子にもなります。

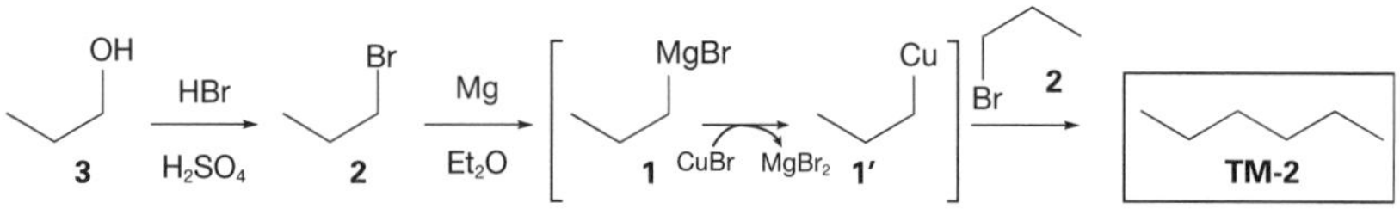

図 5-5. Grignard-有機銅試薬を用いたヘキサンの合成

実際にこのような化合物の合成をデザインすることはないでしょうが，考え方はわかってもらえたと思います。

頻出例題5-1 ▶ 図 5-4 において a で切断する逆合成解析せよ。

解答 切断する結合の左右どちらを有機銅試薬（アニオン）にするかで，2 通りが考えられます（ブロミド⇒アルコールは省略しました）。

---

[4] 有機銅試薬　Grignard 試薬はカルボニル基の攻撃に有効。S_N2 反応の場合は，求核性の大きい有機銅試薬に変換して用いる。

146　　第 5 章　有機化合物の合成デザイン

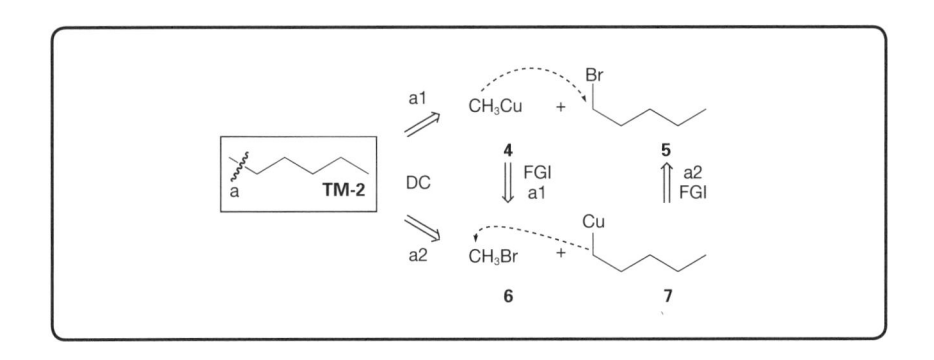

5-2-2. アルキンの利用

A. 逆合成解析

アセチリド（HC≡C:⁻）には求核性があり，S_N2 反応やカルボニル基への求核付加反応を起こします。そこでヘキサン（**TM-2**）の前駆体にアルキン **1** を想定すると，三重結合の両側で切断することができ，**2** と **3**（ジアニオンで示しています）に分けられます。

図 5-6. アルキンを利用したヘキサンの逆合成解析

B. 合成例

アセチレン（**3**）は pK_a 25 ですから，$NH_2:^⊖$ [pK_a (NH$_3$) 36] 等の強塩基を用いて脱プロトン化でき（1-9-3 参照），ブロモエタン（**2**）と処理して **4**，もう一度くり返して **1** に変換できます。最後に三重結合を水素添加によって還元すれば **TM-2** が合成できます。ブロミド **2** を換えれば，さまざまな長さのアセチレン誘導体をつくることができます。

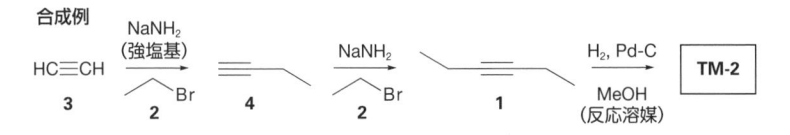

図 5-7. アルキンを利用したヘキサンの合成

頻出例題5-2 図 5-6 の **TM-2** の逆合成を「三重結合の位置を変えて」考えよ。

解答　2,3-位（**1'**），1,2-位（**1''**）いずれでもよいですが，**1''** なら切断が 1 か所ですみますね。合成では，アセチレンを 1 当量の強塩基で処理してモノアルキル化します。

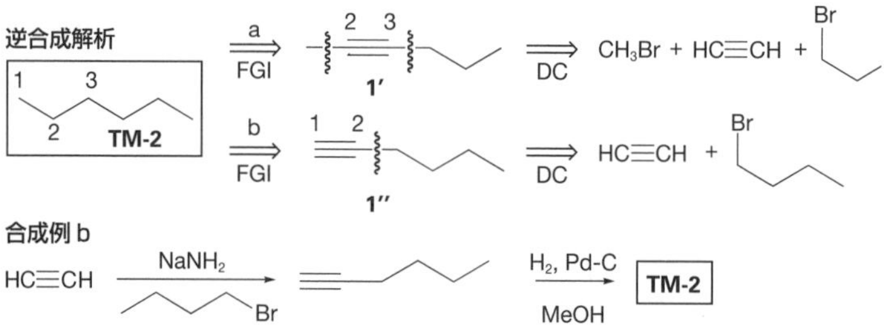

逆合成解析
1
3
2
TM-2
a
FGI
2 3
1′
DC
CH3Br + HC≡CH +
Br
b
FGI
1 2
1′′
DC
HC≡CH +
Br
合成例 b
HC≡CH
NaNH2
Br
H2, Pd-C
MeOH
TM-2

5-2-3. ケトンの利用

A. 逆合成解析

前駆体をケトン **1** とすることもできます。カルボニル基の α,β-位の間で切断が可能で，ブロミド **2** とアセトン（**3**，アニオン）になります。

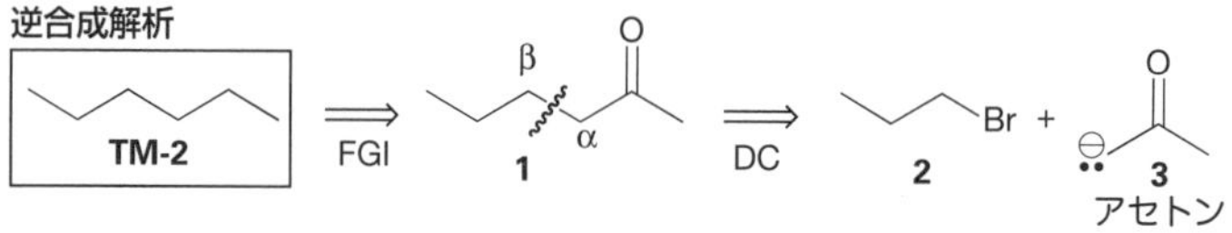

逆合成解析
TM-2
FGI
β
O
α
1
DC
Br +
2
O
3
アセトン

図 5-8. ケトンを利用したヘキサンの逆合成解析

B. 合成例

アセトン（pK_a 20）を強塩基で脱プロトン化して，**2** を用いてアルキル化すれば **1** になります（S_N2 反応）。最後に Clemensen 還元などでカルボニル酸素を除去すれば **TM-2** ができます。

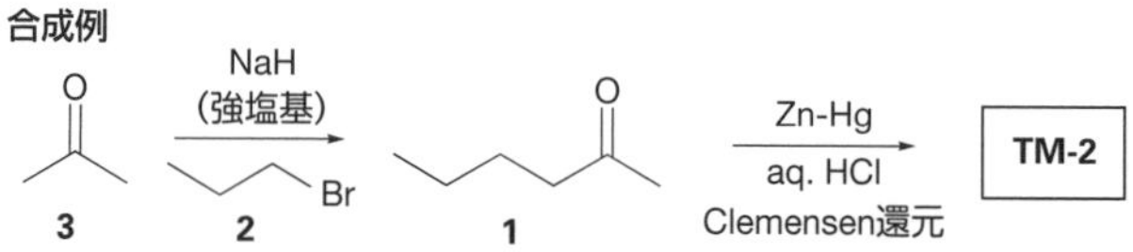

合成例
O
3
NaH
(強塩基)
Br
2
O
1
Zn-Hg
aq. HCl
Clemensen還元
TM-2

図 5-9. ケトンを利用したヘキサンの合成

5-2-4. アルケンの利用〜 Wittig（ウィッティヒ）反応

図 5-3 で示した形式と少し異なりますが，重要な反応なので紹介します。

A. 逆合成解析

前駆体をアルケン **1** とします。今度は二重結合を切断してアルデヒド **2** と Wittig 試薬[5] **3** に分けます。両化合物は **4** にさかのぼることができます。

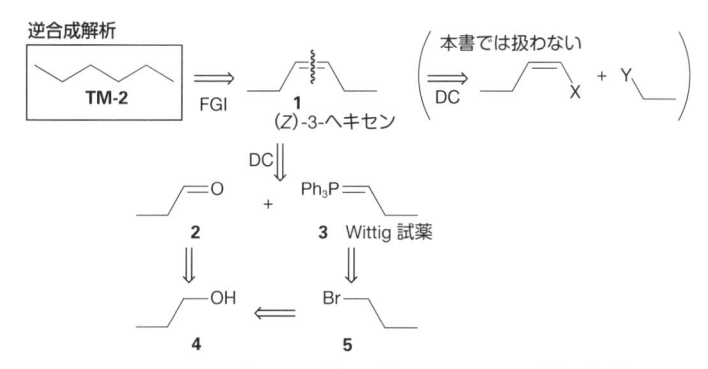

図 5-10. アルケン（Wittig 反応）を利用したヘキサンの逆合成解析

B. 合成例

4 を PCC で酸化すればアルデヒド **2**，またブロミド **5** を経て Wittig 試薬 **3** を調製，縮合すれば **1** になります。最後に二重結合を還元して **TM-2** ができます。

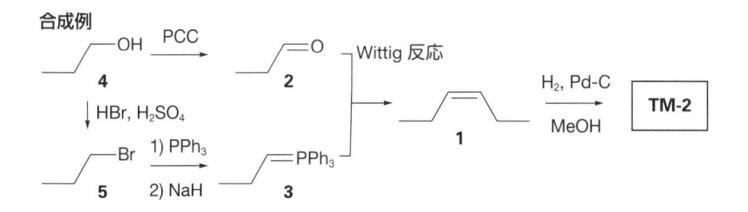

三重結合は両端，二重結合は真ん中で切断（逆合成）です！

図 5-11. アルケンを利用したヘキサンの合成例

---

[5] Wittig 反応　有機リン化合物とアルデヒド・ケトンから C=C が形成される反応。単純な Wittig 試薬では (Z)-型になる。反応機構を示す。

5-3. 合成計画の立て方2〜アルコール〜

5-3-1. 基本の切断（アルデヒドへの求核付加反応）

アルデヒドやケトン，エポキシドを還元すればアルコールになりますが，還元剤（H:⁻）のかわりに求核性分子（Nu:⁻）を用いれば，C−C結合を形成しながら合成することができます（2-7-4参照）。

A. 逆合成解析

アルコール **TM-3** を逆合成解析しましょう。ヒドロキシ基の付け根の炭素と α-炭素の間で切断すると，Grignard試薬 **1** とベンズアルデヒド（**2**）になります。

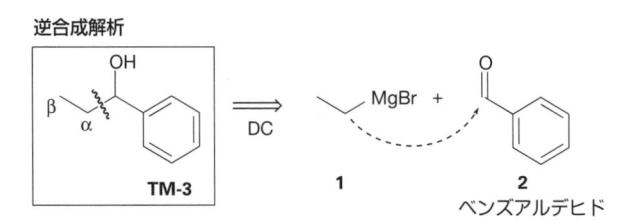

図 5-12. アルコールの逆合成解析-1（アルデヒドへの攻撃）

B. 合成例

Grignard試薬 **1** と **2** の反応を行い，希塩酸などで後処理（中和）すれば **TM-3** が合成できます。カルボニル化合物は反応性が大きいため，有機銅試薬に変換する必要はありません。また，電子移動の矢印や後処理の記載は省略して構いません。

図 5-13. アルデヒドからアルコールの合成

頻出例題5-3 TM-3をフェニル基とヒドロキシ基の間で切断しなさい。

解答 1-プロパノールとブロモベンゼンが出発物質になります。

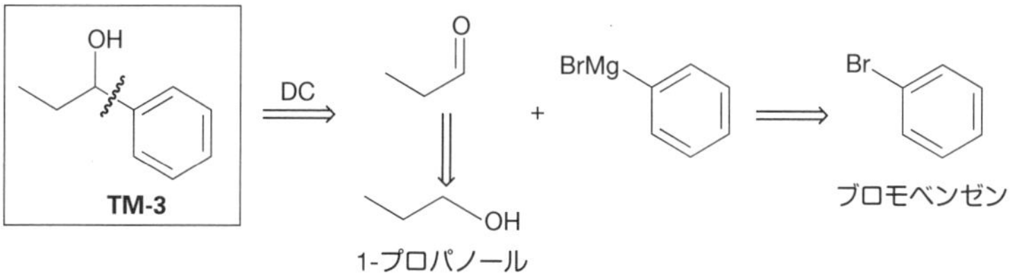

1-プロパノール

ブロモベンゼン

5-3-2. α-とβ-炭素間での切断（エポキシドへのS$_N$2反応）

A. 逆合成解析

TM-3をα-炭素とβ-炭素の間で切断すれば，**1**とエポキシド**2**にさかのぼれます。**2**はスチレン（**3**）から合成できます。

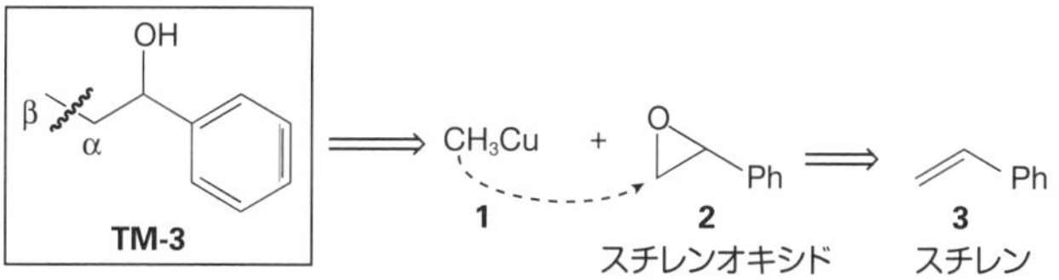

図 5-14. アルコールの逆合成解析 -2（エポキシドへの攻撃）

B. 合成例

3の過酢酸によるエポキシ化（酸化）で生じる**2**と，Grignard試薬から調製する有機銅試薬**1**との反応で**TM-3**に導きます（2-5-3参照）。

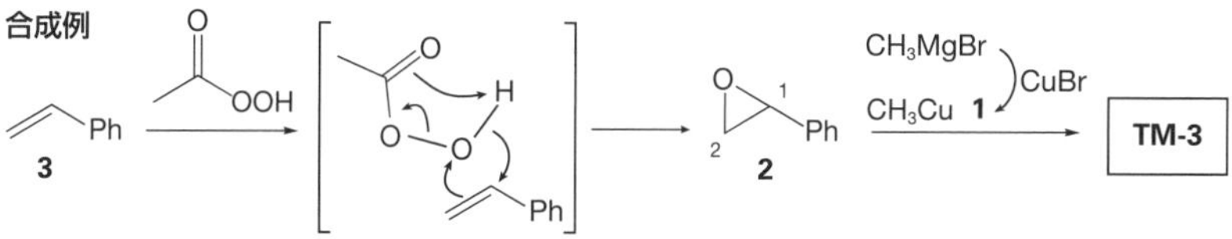

図 5-15. エポキシドからアルコールの合成

> **頻出例題5-4** 図5-15の合成例において，CH₃Cu (**1**) は**2**の立体障害の少ない2-位を攻撃しているが，1-位にも攻撃が起きる可能性がある。その場合の生成物の構造を書け。

解答 1-位はベンジル位（ベンゼン環が結合している位置）なので，通常より反応性が高まっています。

5-3-3. アルキンの利用
A. 逆合成解析

TM-4 のように炭素鎖の長い化合物の場合には，アセチレンの使用も有効です。a) この合成前駆体としてアルキン**1**を考えれば，三重結合の両端で切断が可能で，**2**，**3**，**4**に分けられます。b) 前駆体を**5**にすれば，エポキシド**6**とフェニルアセチレン（**7**）が利用できます。

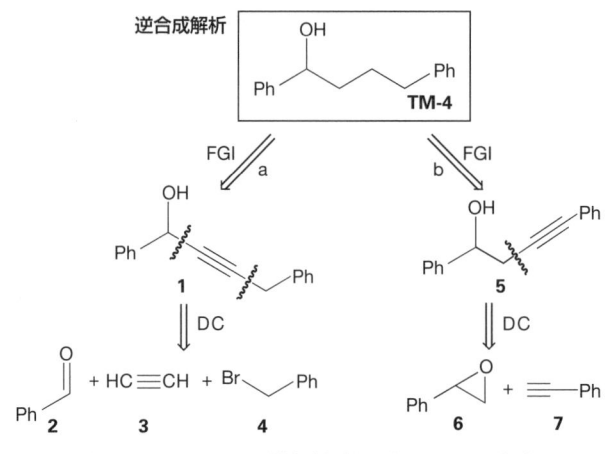

図5-16．アルコールの逆合成解析-3（アルキンの利用）

B. 合成例

a) について示します。5-2-2と同様に行うことが可能です。

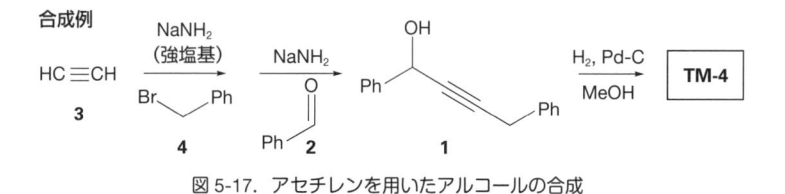

図 5-17. アセチレンを用いたアルコールの合成

5-3-4. ケトンの利用

A. 逆合成解析

ケトンとアルコールは相互変換が可能です。**TM-5** の逆合成解析において，a) 前駆体ケトン **1** を α-位と β-位の間で切断するアルキル化（S_N2 反応）か，b) β-位と γ-位の間を切る共役付加反応を利用することもできます。

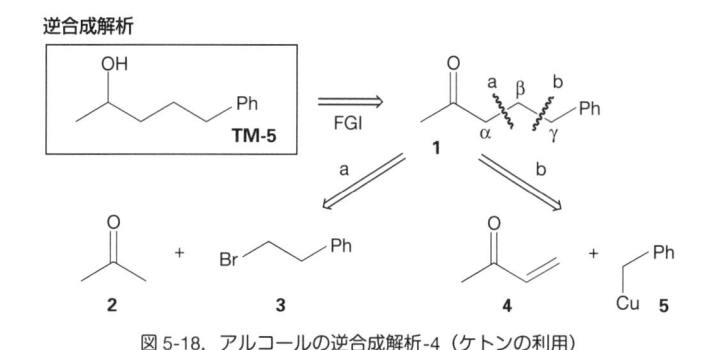

図 5-18. アルコールの逆合成解析-4（ケトンの利用）

B. 合成例

a) アセトン（**2**）を β-フェネチルブロミド（**3**）を用いてアルキル化，あるいは，b) **4** に対して **5** を共役付加[6]させ，最後に $NaBH_4$ で還元します。

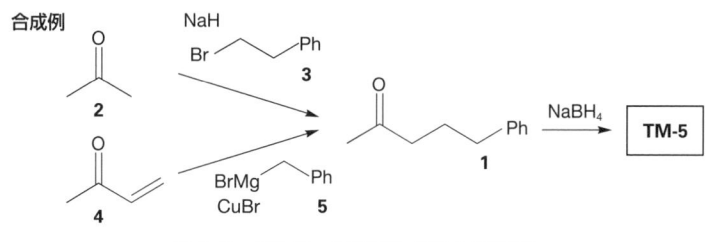

図 5-19. アルコールの合成（ケトンの利用）

---

[6] 銅触媒（CuBr）がないと，共役付加（1,4-付加）のかわりに 1,2-付加反応（Grignard 試薬のカルボニル炭素への直接攻撃）が起こります（5-5-1 参照）。

5-4. 合成計画の立て方3 〜2官能基(ジオール)〜

ここでは,酸素官能基が複数ある場合を見ていきましょう。

5-4-1. 1,2-ジオール

A. 逆合成解析

2つのヒドロキシ基が隣り合う場合はC–C結合形成ではなく,酸化反応を利用できます。syn-およびanti-ジオール[7] (**TM-6**, **TM-7**) は,それぞれアルケン (E)-**1** および (Z)-**1** に,アルケンはアルキン **2** にさかのぼることができます。

図 5-20. 1,2-ジオールの逆合成解析

B. 合成例

アルキン **2** の立体選択的な還元反応及び OsO_4 を用いたジヒドロキシ化反応を用います (2-5-3 参照)。

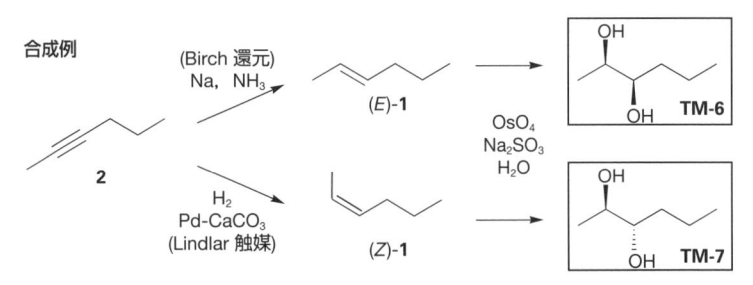

図 5-21. 1,2-ジオールのアルケンからの合成

---

[7] ジグザグの炭素鎖に対して,同じ側に置換基が出ていれば「syn」,反対側なら「anti」。

5-4-2. 1,3-ジオール

A. 逆合成解析

1,3-ジオールの場合は，直接切断する適切な手段がありません。そこで一方 (1-位) のヒドロキシ基をカルボニル基に換えた化合物（ケトン）を前駆体とすると，アセトフェノン (**2**) とアセトアルデヒド (**3**) とのアルドール反応が利用できます。

図 5-22．1,3-ジオールの逆合成解析

B. 合成例

強塩基で **2** をエノラートに変換した後に **3** と反応させると **1** になります。カルボニル基を $NaBH_4$ でヒドロキシ基に還元すれば **TM-8** です（ここでは両ヒドロキシ基の立体化学（*syn/anti*）は無視しています）。

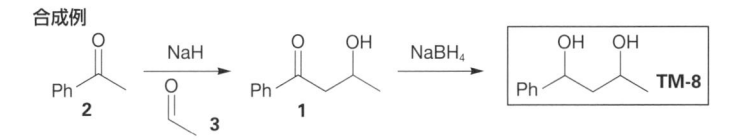

図 5-23．1,3-ジオールの合成（アルドール反応）

頻出例題5-5 ▶ **TM-8** の前駆体を 3-オキソ体にした場合の出発物質を書け。

解答 図のように逆合成解析を行えば，アセトンとベンズアルデヒドになります。

5-4-3. 1,4-, 1,5-, 1,6-ジオール

A. 逆合成解析

これらの離れたジオールではアセチレンを使うことができます。1,5-ジオールの間を三重結合にすれば，出発物質 **2** ～ **4** に分けられます。

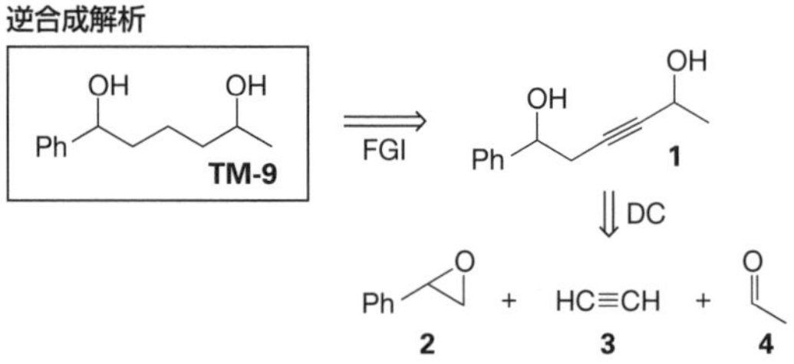

図 5-24. 1,5-ジオールの逆合成解析

B. 合成例

アセチレン **3** の両末端炭素原子をエポキシド **2** とアルデヒド **4** とで順にのばし，最後に還元します。2回目の反応では，**5** のヒドロキシ基が先に脱プロトン化されるので，塩基が2当量必要です。ジアニオン **5'** では，より不安定なアセチリドアニオン部分がアルデヒド **4** を攻撃し，**5"** の後処理を経て **1** になります。

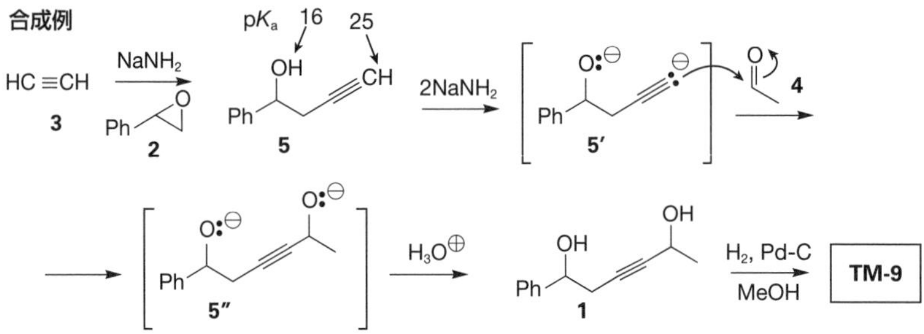

図 5-25. 1,5-ジオールの合成

求電子性分子（エポキシドやアルデヒド）を適宜換えれば，1,4-および1,6-ジオールも合成することができます。

応用例

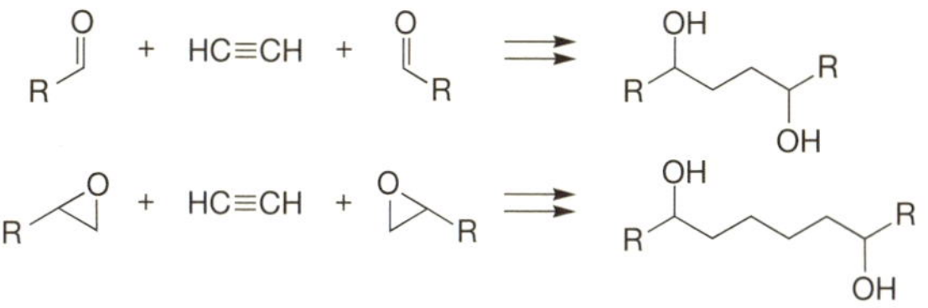

図 5-26. 1,4- および 1,6- ジオールの合成例

> **頻出例題5-6** 以下の物質を逆合成解析せよ。なお，出発物質は章末にある図 5-37 を，反応は図 5-38 と表 5-1 を参考にしてよい。

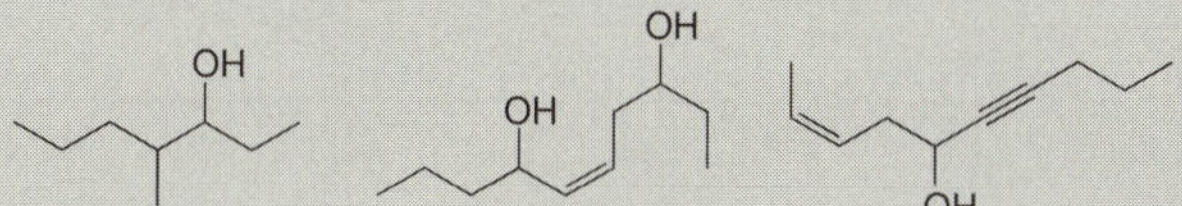

解答 **1**：ケトン経由：いろいろな手段が可能です。まず，ケトン **A** に官能基変換します。枝分かれ部の切断 a，b からケトン **B**，**C** ができますが，対称型の **B** がベターです。非対称なケトン **C** では 2-位と 4-位の区別が困難です。

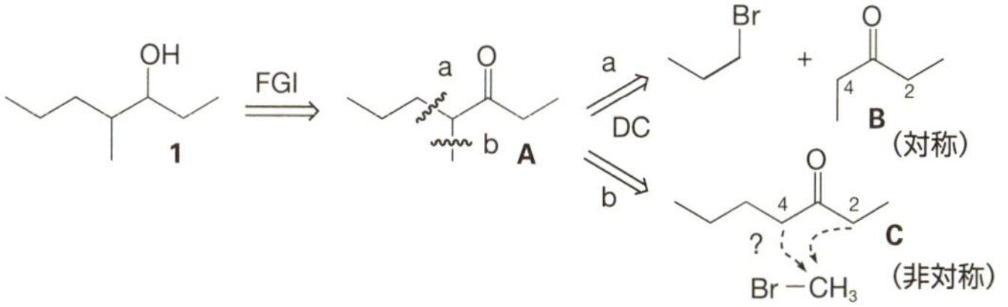

直接切断：c なら Grignard 試薬とアルデヒド，d なら有機銅試薬とエポキシドとなりますが，ここでも非対称エポキシド **D** への攻撃の位置選択性が問題です。

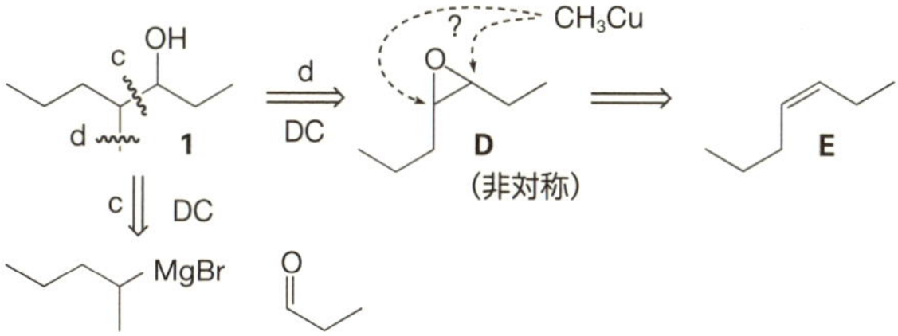

2：前駆体をアルキン **F** にすれば，炭素鎖の延長が容易になります。すなわち，アセチレンをアルデヒドとエポキシドと反応させればよいです。

3：3種類の官能基があるので，手順を工夫します。あらかじめ (Z)-二重結合を含むアルデヒド **G** とアルキン **H** に分けます。

5-5. 合成計画の立て方4〜環状化合物〜

鎖状化合物の合成を分子内での反応に応用すれば，環状化合物が合成できます。一般に分子内反応は分子間反応よりも速く，その環形成の速さは，およそ $5 > 6 > 3 \gg 4$ 員環です。

5-5-1. 分子内アルドール反応

A. 逆合成解析

共役エノン[8] **TM-10** やその水和化合物 **1** には，鎖状のジケトン **2** の分子内アルドール反応が使えます（頻出例題 2-17 参照）。

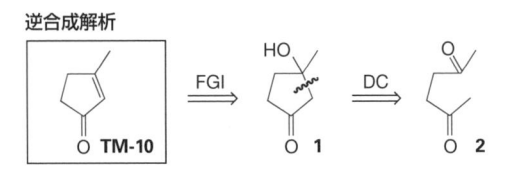

図 5-27．環状共役エノンの逆合成解析

---

[8] ene（C=C）+ one（C=O）= enone

B. 合成例

比較的弱い塩基（NaOMe）を用いても速やかに反応が進みます。分子間の共役付加反応と分子内アルドール反応を組み合わせて、**3**と**4**から一度に**6**を合成する反応も知られています（Robinson（ロビンソン）成環反応）。

共役付加とは、α,β-不飽和カルボニル化合物のβ位に求核攻撃が起きる反応です。付加の位置から1,4-付加やMichael（マイケル）付加とよばれます。とくにGrignard試薬が1,2-付加なのに対し、有機銅試薬は1,4-付加します。

図5-28. 分子内アルドール反応

図5-29. 共役付加反応

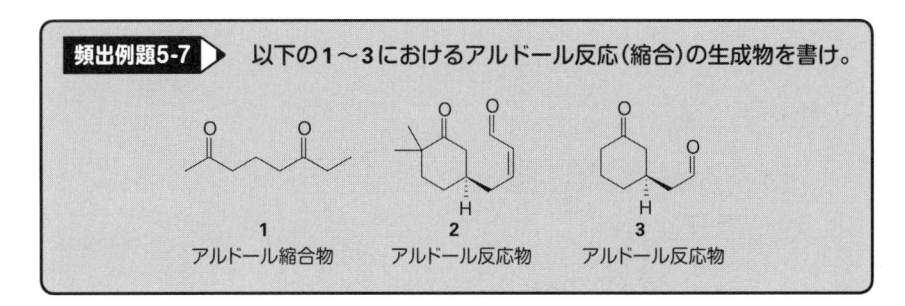

> **頻出例題5-7** 以下の1～3におけるアルドール反応（縮合）の生成物を書け。
>
> 1 アルドール縮合物
> 2 アルドール反応物
> 3 アルドール反応物

解答 **1**では1,3,5,7-位が脱プロトン化して4種のエノラートが生成する可能性があります。そのうち1→6-位（a）と7→2-位（b）に攻撃が起きて，6員環化合物**A**と**B**が生成します。3→6-位と5→2-位からの4員環化合物**C**と**D**はひずみが大きいためほとんど生成しません。**2**からの反応では新しい不斉炭素原子が2か所でき，**E**〜**H**の4種類の立体異性体が生成します。**3**から生成するのは籠状のビシクロ環（橋状環）化合物**I**と**J**です。新しく生成したC−C結合を矢印で示しました。

5-5-2. Dieckmann（ディックマン，分子内Claisen）縮合反応
A. 逆合成解析

β-ケトエステル型の環形成には，Dieckmann縮合反応を利用できます。エ

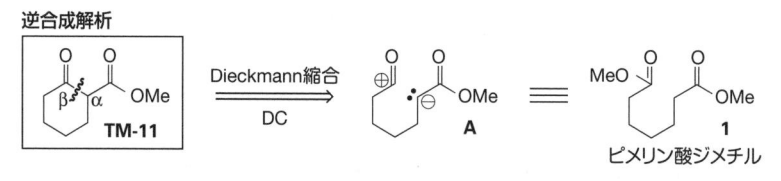

図5-30. Dieckmann縮合を利用した逆合成解析

ステルから見て α-位と β-位の間で切断します。電子対を一方に寄せた様子を **A** で示しました。カルボニル基の C⊕ 部分にメトキシ基を補うと，前駆体 **1** です。

B. 合成例

ピメリン酸ジメチル（**1**）から図 2-57 と同様に C−C 結合形成反応が進行します。左右対称の化合物なので，a でも b でも同じ化合物ができます。

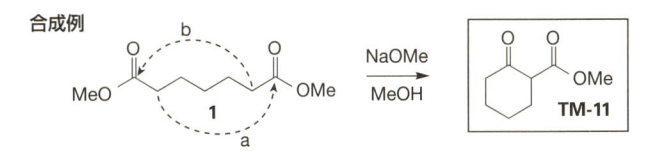

図 5-31．Dieckmann 縮合による環状 β-ケトエステルの合成

頻出例題5-8 以下の物質の Dieckmann 縮合生成物を書け。

解答 **1** からは 5 員環化合物 **A**，**2** は左右非対称なので，重水素の位置異性体 **B** と **C** が生成します。

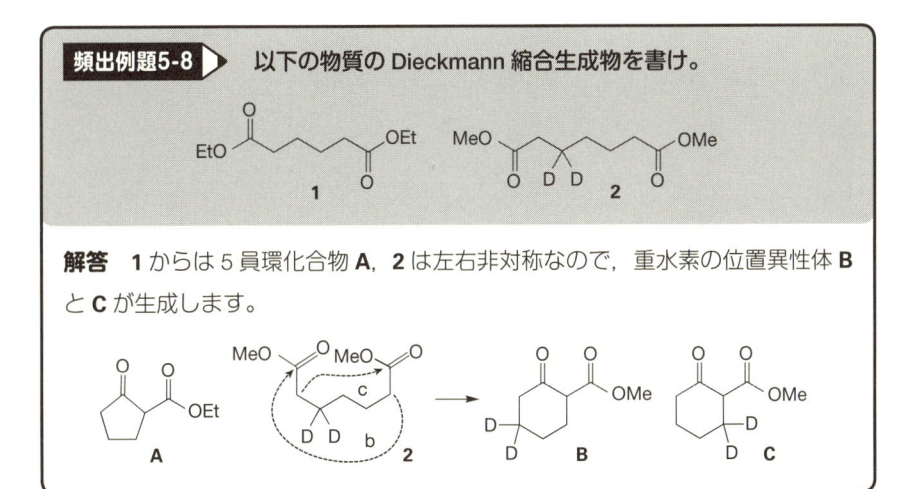

5-5-3. アセト酢酸エステル（マロン酸エステル）合成

A. 逆合成解析

本手法を用いれば，さまざまなサイズの環状化合物を合成することができます。図 5-32 において，**TM-12** にまずカルボキシ基（補助基）を付け加えた **1** を設定します。対応するメチルエステル **2** の 3 員環は，**3** と **4** からアルキル化を 2 回行って形成することができます。

B. 合成例

アセト酢酸メチル **3**（pK_a 11）から環状化合物 **2** に変換します。エステル部分の加水分解で生じるカルボン酸 **1** を酸性条件で加熱すると，図のように脱

逆合成解析

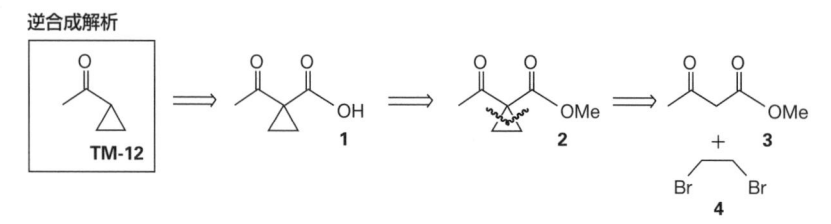

図 5-32. アセト酢酸エステル合成の逆合成解析

炭酸が起き，エノール **A** を経て **TM-12** が合成できます。同様に，マロン酸ジメチルからは，相当するカルボン酸が合成できます。アルキル化剤の鎖長を変えることでさまざまな環サイズの化合物になります。すなわち，アセト酢酸メチルはアセトンの，マロン酸ジメチルは酢酸メチルのかわりの出発物質として使えます。とくにアセトンにおいては，左右を区別していることになります(図の矢印部分の一方のみをアルキル化することができます！)。

合成例

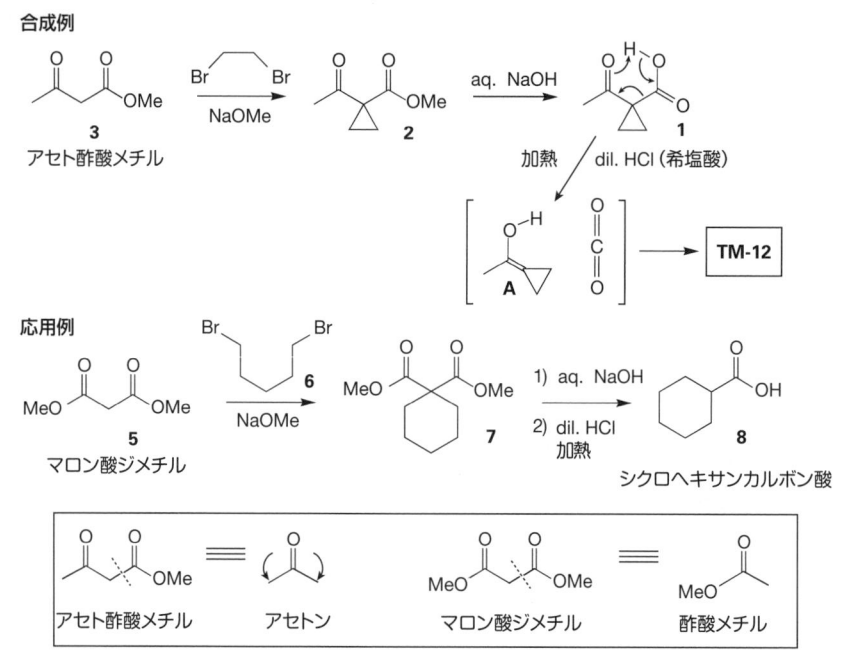

応用例

図 5-33. アセト酢酸エステル（マロン酸エステル）合成

> **頻出例題5-9** 以下の物質を逆合成解析せよ。

(化合物 **1**: 1-シクロブチル-1-メチルエタノール型, **2**: 1,1-ビス(ヒドロキシメチル)シクロペンタン)

解答 いずれもアセト酢酸エステルやマロン酸エステル合成の形に導ければ簡単です。ひずみの大きい4員環化合物も合成できます。

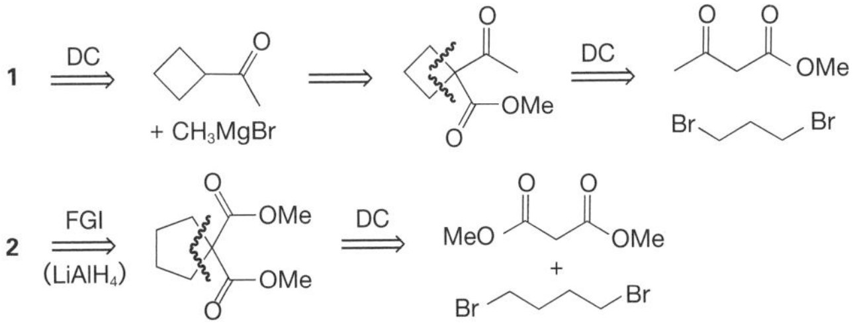

1 ⇒(DC) シクロブチルメチルケトン + CH₃MgBr ⇒ アセト酢酸メチルのアルキル化体 ⇒(DC) アセト酢酸メチル + Br(CH₂)₃Br

2 ⇒(FGI, LiAlH₄) 1,1-ビス(メトキシカルボニル)シクロペンタン ⇒(DC) マロン酸ジメチル + Br(CH₂)₄Br

5-5-4. Diels-Alder(ディールス・アルダー)反応

A. 逆合成解析

分子内にシクロヘキセン環があれば,Diels-Alder 反応(2-10 参照)を利用することができます。シクロヘキセン部分をジエン **1** とジエノフィル **2** に切断します。

逆合成解析

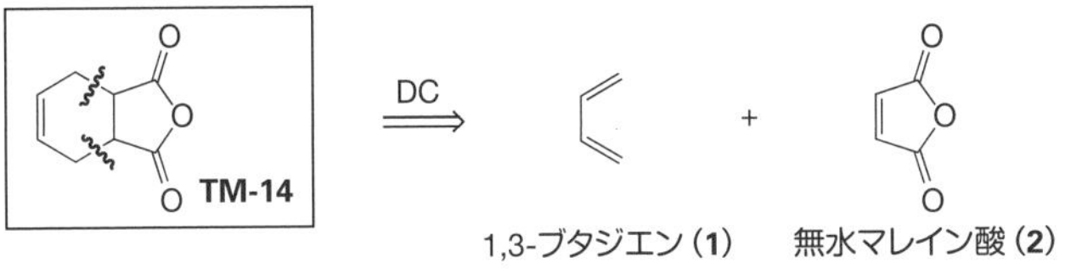

TM-14 ⇒(DC) 1,3-ブタジエン(**1**) + 無水マレイン酸(**2**)

図 5-34. Diels-Alder 反応の逆合成解析

B. 合成例

反応は両化合物を高温で混ぜて行います。

合成例 **1** + **2** →(加熱) TM-14

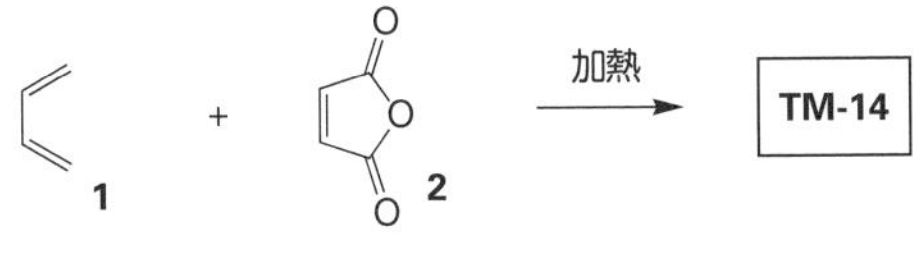

図 5-35. Diels-Alder 反応の例

頻出例題5-10 以下の物質を逆合成解析せよ。

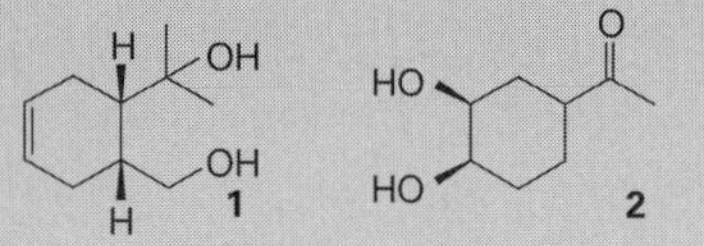

解答 **1**のジオール部分はラクトン **A** のメチル化（エステルに対する Grignard 反応）でできることに気がつけば簡単です。**A** は **B** と **C** の Diels-Alder 反応で合成できます。**2** は **D** の OsO_4 を用いた酸化で合成できます。**D** にはシクロヘキセン環があるので，ジエン **B** とジエノフィル **E** に逆合成できます。

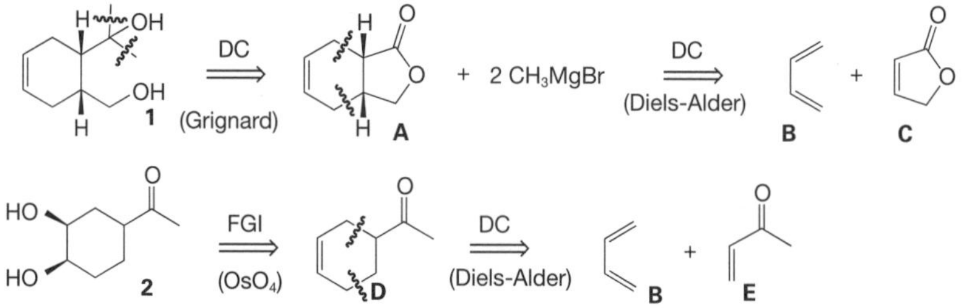

5-6. 化学選択性と保護基の利用

分子内に2か所以上類似の官能基が存在するが，一方のみを反応させたい場合があります。このような場合は，官能基の反応性の差（化学選択性）や保護基の利用が有効です。ここではアセト酢酸メチル（**1**）と **2**，**3**，**4** との間の変

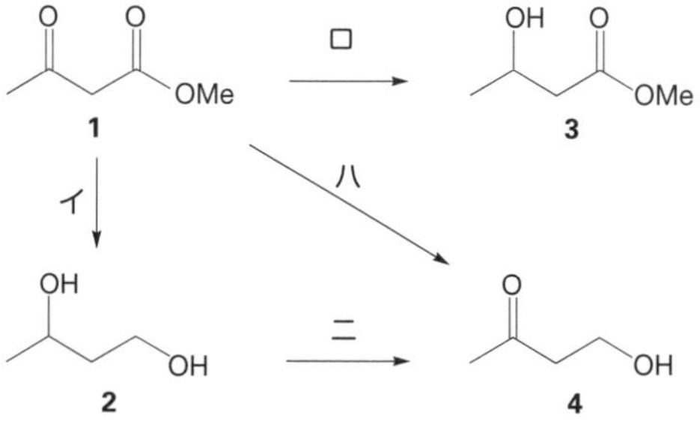

図 5-36-1. アセト酢酸メチルとその誘導体

換を考えます。なお，カルボニル化合物の反応性については p.64 の表 2-2 で復習してください。

イ）化学選択性（1）：**1** から **2** を得るためには（反応性大＝選択性小）

強い還元剤である水素化アルミニウムリチウム（LiAlH$_4$）を用いれば，両方のカルボニル基が還元されて **2** になります。反応性が大きければ，選択性は小さくなります。

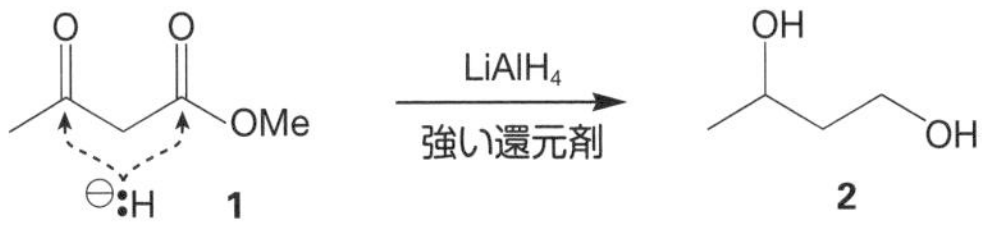

図 5-36-2．アセト酢酸メチルとその誘導体；イ

ロ）化学選択性（2）：**1** から **3** を得るためには（反応性小＝選択性大）

弱い還元剤である水素化ホウ素ナトリウム（NaBH$_4$）を用いれば，反応性の大きいケトン性カルボニル基のみが還元されて **3** になります。

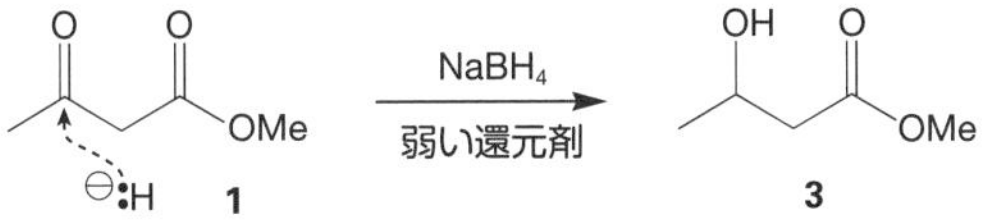

図 5-36-3．アセト酢酸メチルとその誘導体；ロ

ハ）保護基の利用（1）：**1** から **4** を得るためには（その 1）

反応性の小さいエステル性カルボニル基だけを還元する必要があります。あらかじめ（反応性の大きい）ケトン性カルボニル基のみをアセタールとして保護（**5**），残るエステル性カルボニル基を LiAlH$_4$ で還元して **6** を得ます。最後に希塩酸でアセタールを加水分解すれば，目的の **4** が合成できます。

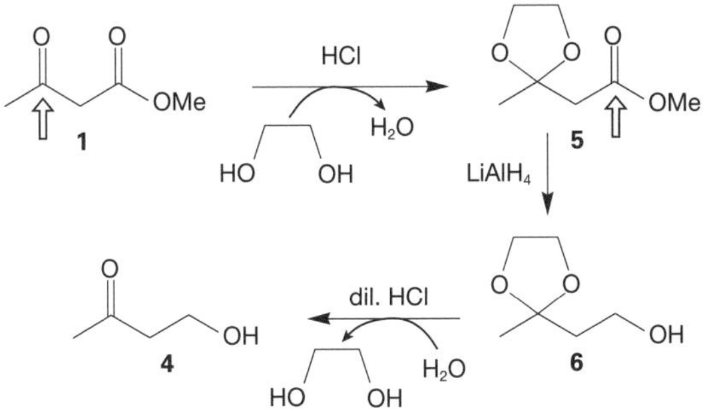

図 5-36-4．アセト酢酸メチルとその誘導体；ハ

イ→ニ）保護基の利用（2）：**1** から **4** を得るためには（その2）

化合物 **2** を経由することも可能です。**2** には2つのヒドロキシ基があります。このうち反応性の大きい（空いていて試薬が近づきやすい）1級ヒドロキシ基のみを嵩高いトリフェニルメチル基でエーテルとして保護します（**7**）。2級ヒドロキシ基を酸化して（**8**），最後に加水分解で脱保護すれば **4** を合成できます。

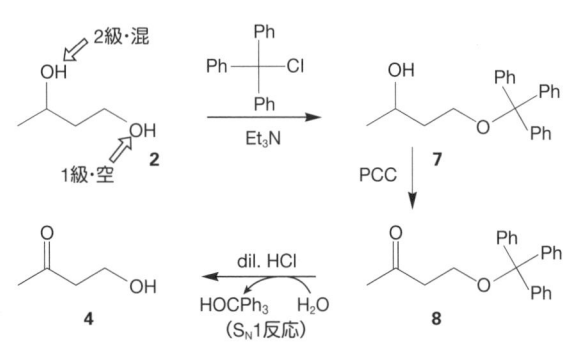

図 5-36-5．アセト酢酸メチルとその誘導体；イ→ニ

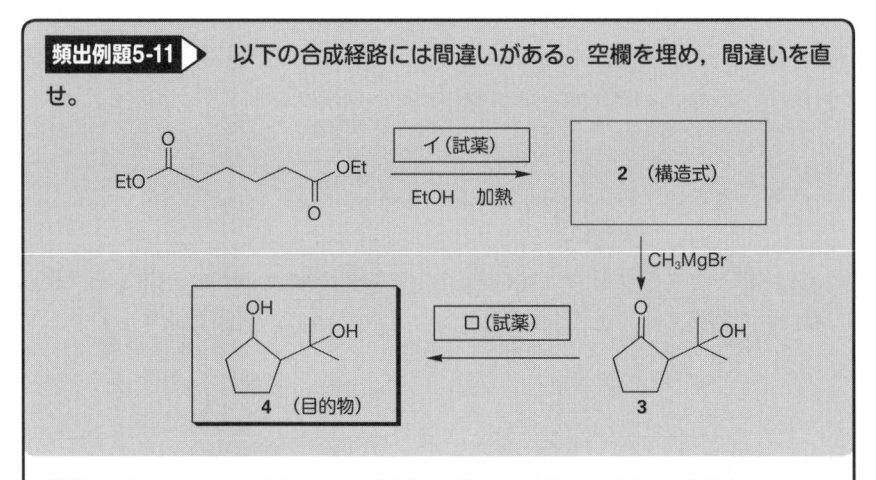

頻出例題5-11　以下の合成経路には間違いがある。空欄を埋め，間違いを直せ。

解答　**2** に CH$_3$MgBr（図 2-48 を参照）を作用させるとエステル部分とともにケトン部分もメチル化された **3'** になってしまいます。そこで一度アセタールとしてケトン部分のみを保護します（**A**）。エステル部分をメチル化した後（**B**），脱保護して **3**，ケトン部分を NaBH$_4$（または LiAlH$_4$）で還元すれば目的物 **4** になります。

166　第5章　有機化合物の合成デザイン

頻出例題5-12 次の合成経路の空欄を埋めなさい。また，工夫して3工程の経路に修正しなさい。

解答 3工程の経路にするには，はじめにエステル部分を還元してアルコール **A** とし，メチルエーテル化します（**B**）。それから OsO_4 を用いて *syn*-ジオール **6** に導けば，保護・脱保護の2工程を省くことができます。

5-7. 出発物質

　世の中には登録されているだけで数百万個の有機化合物が知られていますが，産出量，生産量が多いものが出発物質として適しています。図5-37に一般的な出発物質の例をあげました。このほか，有機化学の一般的教科書に掲載されている化合物はおおむね入手可能です。

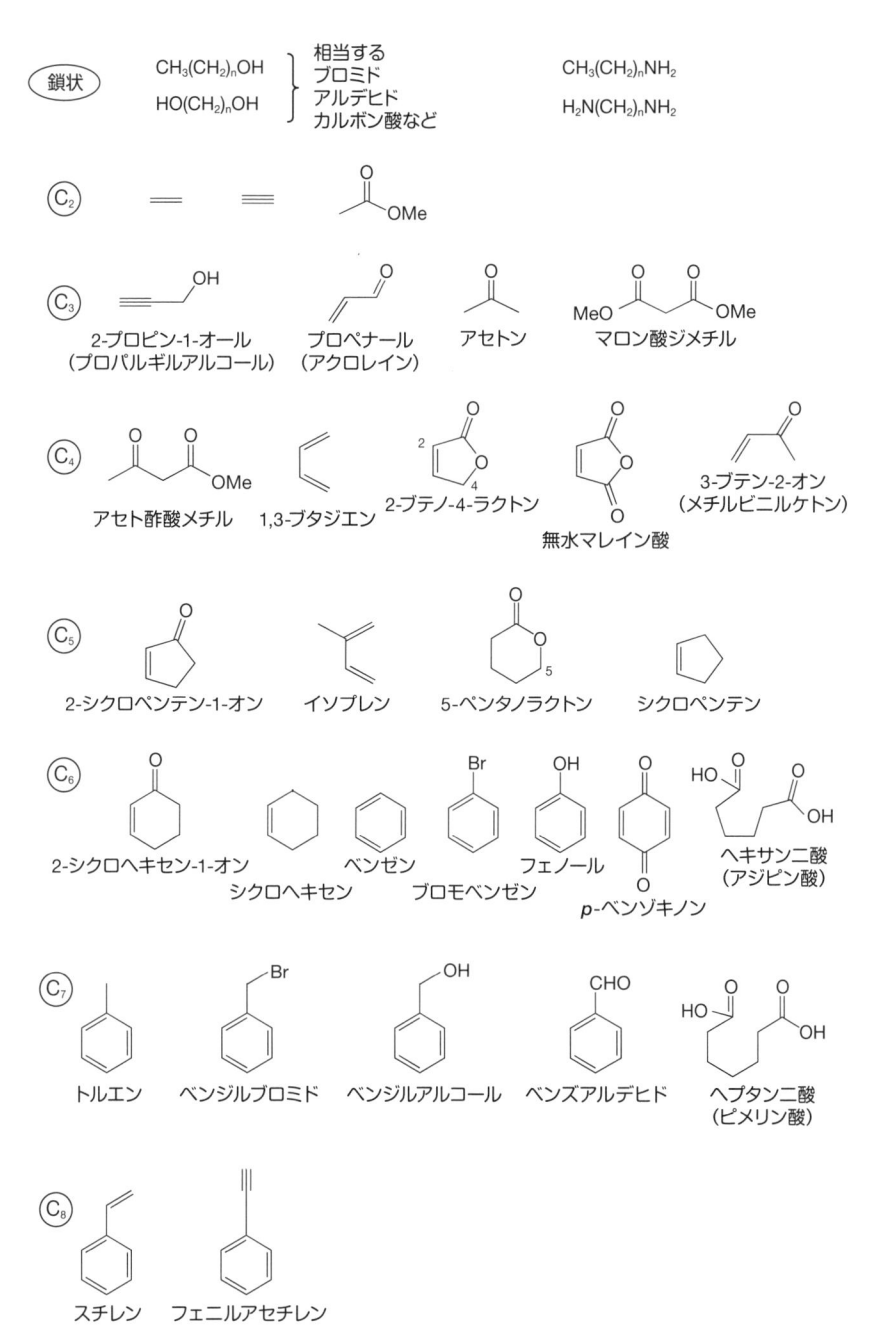

鎖状 CH₃(CH₂)ₙOH ⎱ 相当する
　　　　HO(CH₂)ₙOH ⎰ ブロミド
　　　　　　　　　　アルデヒド
　　　　　　　　　　カルボン酸など

CH₃(CH₂)ₙNH₂
H₂N(CH₂)ₙNH₂

C₂　　　　　　　　　　　　CH₃COOMe

C₃
- 2-プロピン-1-オール（プロパルギルアルコール）
- プロペナール（アクロレイン）
- アセトン
- マロン酸ジメチル

C₄
- アセト酢酸メチル
- 1,3-ブタジエン
- 2-ブテノ-4-ラクトン
- 無水マレイン酸
- 3-ブテン-2-オン（メチルビニルケトン）

C₅
- 2-シクロペンテン-1-オン
- イソプレン
- 5-ペンタノラクトン
- シクロペンテン

C₆
- 2-シクロヘキセン-1-オン
- シクロヘキセン
- ベンゼン
- ブロモベンゼン
- フェノール
- p-ベンゾキノン
- ヘキサン二酸（アジピン酸）

C₇
- トルエン
- ベンジルブロミド
- ベンジルアルコール
- ベンズアルデヒド
- ヘプタン二酸（ピメリン酸）

C₈
- スチレン
- フェニルアセチレン

図 5-37. 出発物質の例

5-8. 本章で頻出する有機化学反応

図 5-38 と表 5-1 によく使われる酸化・還元反応と C–C 結合形成反応をあげておきました。

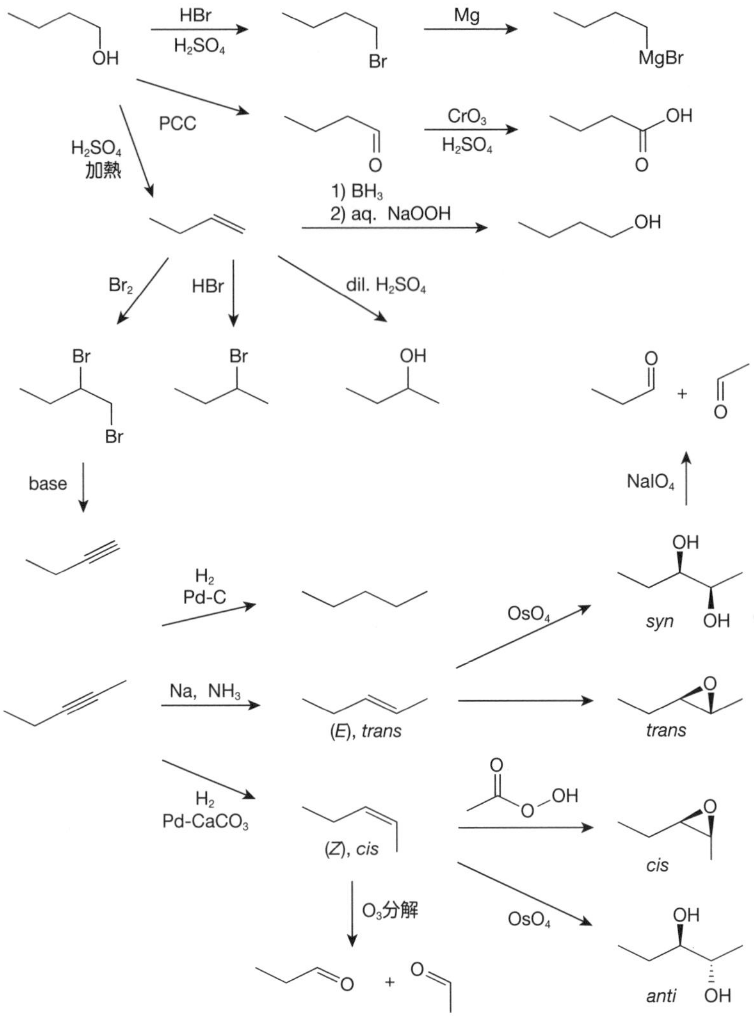

図 5-38. よく使われる酸化・還元反応など

表 5-1 よく使われる C–C 結合形成反応

付録　有機化合物の命名法

　有機化合物は，国際純正・応用化学連合（International Union of Pure and Applied Chemistry (IUPAC)）の規則にしたがって命名されます。

1．置換命名法（S 法）

　「置換基」＋「骨格」＋「主基」から成り立ちます。手順は，
　① 最上位の官能基（付表 1）を含む炭素鎖を選び，骨格（付表 2）に主基

付表 1．主な官能基と名称

一般名（上位優先）		置換基（接頭語）	主基（語尾）
カルボン酸 (carboxylic acid)	-C(=O)OH	カルボキシ - (carboxy-)	- 酸 (-oic acid)
エステル (ester)	-C(=O)OR	アルコキシカルボニル - (alkoxycarbonyl-)	- 酸アルキル (alkyl -oate)
酸クロリド (acid chloride)	-C(=O)Cl	クロロカルボニル - (chlorocarbonyl-)	- 酸クロリド (-oyl chloride)
アミド (amide)	-C(=O)NH$_2$	カルバモイル - (carbamoyl-)	- アミド (-amide)
ニトリル (nitrile)	-C≡N	シアノ - (cyano-)	- ニトリル (-nitrile)
アルデヒド (aldehyde)	-C(=O)H	ホルミル - (formyl-)	- アール (-al)
ケトン (ketone)	-C(=O)-	オキソ - (oxo-)	- オン (-one)
アルコール (alcohol)	-OH	ヒドロキシ - (hydroxy-)	- オール (-ol)
チオール (thiol)	-SH	スルファニル - (sulfanyl-)	- チオール (-thiol)
アミン (amine)	-NH$_2$	アミノ - (amino-)	- アミン＊ (-amine)
イミン (-imine)	=NH	イミノ - (imino-)	- イミン (-imine)

＊通常はジメチルアミン（dimethylamine Me$_2$NH）のように命名される。

名を付す。主基に最小の位置番号を付ける。
② 置換基（付表1と3）と位置番号をアルファベット順に付す。
③ 立体化学情報を先頭に付す（1-13 参照）。
④ 同一置換基の倍数は，di-, tri-, tetra-, …。

付表2. 炭化水素骨格の名称（C_nH_{2n+2}）

n =					
1	メタン	methane	9	ノナン	nonane
2	エタン	ethane	10	デカン	decane
3	プロパン	propane	11	ウンデカン	undecane
4	ブタン	butane	12	ドデカン	dodecane
5	ペンタン	pentane	13	トリデカン	tridecane
6	ヘキサン	hexane	14	テトラデカン	tetradecane
7	ヘプタン	heptane	20	イコサン	icosane
8	オクタン	octane	30	トリアコンタン	triacontane

芳香族炭化水素

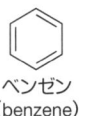

ベンゼン (benzene)　フェニル- (phenyl-)　フェノール (phenol)

a. 環状の場合は cyclo- を付ける
b. アルケンは　　ane を除き ene を付ける
c. アルキンは　　ane を除き yne を付ける
d. 置換基は　　　e を除き yl を付ける
e. 主基が母音ではじまるときは e を除く

付表3. 置換基としてのみ用いられる官能基

一般名	置換基（接頭語）	一般名	置換基（接頭語）
エーテル* (ether) −OR	アルコキシ- (alkoxy-)	フルオリド* (fluoride) −F	フルオロ- (fluoro-)
スルフィド* (sulfide) −SR	アルキルスルファニル- (alkylsulfanyl-)	クロリド* (chloride) −Cl	クロロ- (chloro-)
ニトロ化合物 −NO₂	ニトロ- (nitro-)	ブロミド* (bromide) −Br	ブロモ- (bromo-)
エポキシド (epoxide)	エポキシ- (epoxy-)	ヨージド* (iodide) −I	ヨード- (iodo-)

*R 法に用いられる。

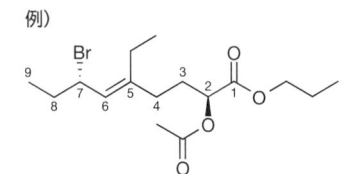

例）

propyl (2S,5E,7S)-2-acetoxy-7-bromo-5-ethyl-5-nonenoate

(2R,3R,5R)-2,3-epoxy-5-methoxy-1-cyclohexanone

(1R,4S)-2,6,6-trimethyl-2-cyclohexene-1,4-diol

2．基官能命名法（R法）

「置換基」＋「官能基一般名」とする方法で，単純な化合物に用いられます。官能基の慣用名と合わせて付表4に例示しました。

付表4．主な官能基の基官能命名法（R法）

官能基名（上位優先）		具体例	
酸クロリド (acid chloride)	R−C(=O)−Cl	CH₃−C(=O)−Cl	アセチルクロリド （塩化アセチル，酢酸クロリド） (acetyl chloride)
シアニド (cyanide)	R−≡N	シクロヘキシル−C≡N	シクロヘキシルシアニド (cyclohexyl cyanide)
ケトン (ketone)	R−C(=O)−R'		tert-ブチルビニルケトン (tert-butyl vinyl ketone)
アルコール (alcohol)	R−OH	CH₃CH₂−OH	エチルアルコール (ethyl alcohol)
エーテル (ether)	R−O−R'		エチルビニルエーテル (ethyl vinyl ether)
スルフィド (sulfide)	R−S−R'	Ph−S−Ph	ジフェニルスルフィド (diphenyl sulfide)
ハライド (halide) 　フルオリド (fluoride)　R-F 　クロリド (chloride)　R-Cl		CH₂=CH−CH₂−Cl	アリルクロリド （塩化アリル） (allyl chloride)
ブロミド (bromide)　R-Br 　ヨージド (iodide)　R-I		(CH₃)₂CH−I	イソプロピルヨージド （ヨウ化イソプロピル） (isopropyl iodide)

あとがき

　有機化学に興味を持ち大学に進学した私にとって，最初の友田修司先生の講義で学んだ理論，数知れない種類の官能基の性質や反応も原子の性質に基づいて説明できる，ことは衝撃的でした。そして恩師森謙治先生と北原武先生の講義で，理論を復習しながら各論を知り，生物との接点を学ぶにつれ，自分の辿ったのは最高の有機化学学習法だったことを確信しました。そして，生化学は（有機）化学を基盤とすることも理解できました。本書は，正しい順序で学んで貰いたいという気持ちから，講義8年間の試行錯誤と学生諸君の意見集約で練り上げた「（生物）有機化学の学び方」です。本書を終えた皆さんには，有機化学はもはや暗記科目ではありませんね。分子を見る目を身につけた皆さんが，有機化学はもちろん生命科学全般の領域で活躍されることを願っています。

　有機化学修得には問題演習が有効です。参考書と問題集を挙げておきます。

全般
　「パイン有機化学　Ⅰ・Ⅱ」第5版，湯川泰秀他監訳，廣川書店
　「有機化学　Ⅰ・Ⅱ・Ⅲ」森謙治，養賢堂
　「ウォーレン有機化学　上・下」野依良治他監訳，東京化学同人（上級向け）
第1・2章
　「プログラム学習有機合成反応」S. Warren 著・野村裕次郎・友田修司訳
　　講談社サイエンティフィク（問題集）
　「演習　基礎有機化学」務台潔著，サイエンス社（問題集）
　「有機反応の仕組みと考え方」東郷秀雄著，講談社サイエンティフィク
第4章
　「マクマリー生化学反応機構」永野哲雄監訳，東京化学同人
第5章
　「有機合成の戦略　逆合成のノウハウ」C. L. ウィリス，M. ウィリス著・富岡清訳　化学同人
　「プログラム学習有機合成反応」S. Warren 著・野村裕次郎・友田修司訳
　　講談社サイエンティフィク（問題集）
　「生物活性物質の化学」森謙治著，化学同人
命名法
　「最新全有機化合物名称のつけ方」寥春栄著，三共出版

索引

欧文索引

Adams 触媒 63
anti-Markovnikov 付加 54,91
ATP 107,131,136
B :⊖ 30
Baeyer-Villiger 酸化 87
Birch 還元 57,63,92
Boc 基 121
Brønsted-Lowry の酸・塩基 15
cis 32
Claisen 縮合 83
Claisen 反応 133,135
Clemensen 還元 87,148
DCC 121
DDQ 141
Dieckmann 縮合 160
Diels-Alder 反応 93,144,163
E⊕ 30
E2 反応 43
(*E*)-体 32
FAD 140
Fischer 投影式 97,114
Friedel-Crafts アシル化 59
Friedel-Crafts アルキル化 59
Grignard 試薬 77,145,157,159
Grignard 反応 164
H₂SO₄ 170
Haworth 式 99
HBr 170
Hückel 則 58
IUPAC 172
I 効果 25,134
Lewis の酸・塩基 21
Jones 酸化 86
LiAlH₄ 171
Lindlar 触媒 57,154
Markovnikov 付加 51,52,53,54,91
Maxam-Gilbert 法 110
Merrifield 法 122

Michael 付加 159
NAD⊕ 138
NADH 138
Newman 投影式 33,45
N-グリコシル化反応 112
N-グリコシド結合 107
OsO₄ 56,170
PCC 87,149
PCC 酸化 87
pK_a 15
p 軌道 4
Robinson 成環反応 159
RS-表示法 33
R 効果 25,134
Schiff 塩基 69,116,133
S_N1 反応 46
S_N2 反応 148
　アルキル化、ケトン 148,153
　エポキシドへの— 151
　メチル化反応 136
sp^2 混成軌道 8,63
sp^3 混成軌道 6,12
(*S*)-乳酸 138
trans 32
Walden 反転 42
Wittig 反応 149
Wolff-Kishner 還元 87
Zaitsev 則 50
(*Z*)-体 32
π 結合 9,44
σ 結合 7

和文索引

あ行

アキシアル水素 35
アグリコン 102
アシスト＆脱離 68
アジピン酸 169

アシル CoA	131	分子内一	158
アシル CoA シンテターゼ	130	アルドラーゼ	132
アシロイン縮合	92	アンチ (*anti*-) 脱離	44
アスパラギン	115	アンチ (*anti*-) 付加	52
アセタール交換反応	69,104,128	アンチ型	34
アセチリド	145,147	アンヒドロ	103
アセチル CoA	135	アンモニア	11
アセチル基	106	アンモニウムカチオン	11
アセチレン	10,152,156	イオン結合	119
アセトアミド	28	イオン性反応	38
アセトアルデヒド	72	イコサン	173
アセト酢酸エステル	161	イス型配座	35,99
アセト酢酸メチル	162,169	異性化	100
アデニン	107	イソプレン	169
S-アデノシルメチオニン	136	位置/立体特異性	132
アデノシン	112	位置異性体	144
アニソール	63	1電子還元反応	90,92
アニリン	28	一分子求核置換反応	46
アノマー位	99,106	一分子脱離反応	48
アミジン	29	イノシン酸	108
アミド	64,172	イプソ位	60
アミドアニオン	13	イミダゾール環	117
アミナール	69,107,110,112	イミダゾリル基	117,130
アミノ酸	113	イミド	29
塩基性	116	イミニウム塩	75
酸性	116	イミニウムカチオン	71
中性	114	イミノ化反応	69
アミラーゼ	128	イミン	69,132,172
アミン	172	ウラシル	107
アラニン	115	ウレア	122
アリステロマイシン	112	ウンデカン	173
アルギニン	116	エーテル	173
アルキルアニオン	77	液相反応	122
アルキル化	144,148	エクアトリアル	35,99
アルキル化剤	162	エステル	172
アルキル化反応	75,77,80	エステル化反応	69,79
エステル合成	162	弱塩基性	104
アルキン	147,152	縮合	130
アルケン	149	エステル交換	78,85
ジオールの合成	154	エタン	33
アルコール	172,174	エチレン	9
アルデヒド	157,172	エナミン	71,74,132
アルドース	101	エノール	135
アルドール反応	72,81,132,155	エノール化	134
縮合	159	エノール型	72

177

エノラート 79,145
   C-エノラート 79
   O-エノラート 79
エノン 158
エピメリ化反応 119
エポキシ化 56,151
エポキシド 151,156,173
塩化水素 12
塩基 15
エンジオール 101,132
オキソニウムカチオン 11
オクタン 173
オクテット 9,40
オクテット則 9,22
オゾン 12
オゾン分解 57
オリゴペプチド 121
オルト・パラ配向性 60
オルト位 60
オレフィン 44
オロチジル酸 113
オロト酸 113

か行

化学選択性 164
可逆反応 39
核酸 107
過酢酸 87,151
嵩高い 36,166
重なり型 33
過酸 56
過酸化脂質 142
過酸化水素 18
過酸化反応 125
加水分解 67,78,112,120,130,133
   アセタール交換 165
   塩基性 110,161
   酸性 110,166
カチオン - π 相互作用 119
活性化エステル 130
活性化エネルギー 89,133,135
価電子 5
過ヨウ素酸酸化 87
ガラクトース 98,100
カルボアニオン 8,30

カルボカチオン 8,46
カルボキシラートアニオン 24
カルボニル基 63
カルボン酸 172
還元 141
   Birch— 154
   NaBH$_4$ 30,76,87,153,155,165
   LiAlH$_4$ 76,87,165
   1 電子— 140
   カルボニル基、ケトン 138
還元的アミノ化反応 87,139
還元反応 57,63,76
環状化合物 158
官能基相互変換 144
幾何異性 32,44
基官能命名法 174
o-キシレン 63
キシロース 98,100
軌道 3
軌道エネルギー準位 3
軌道相互作用 1
キノン 94,141
逆 Claisen 反応 135
逆アルドール反応 132
逆合成解析 143
求核攻撃 68
求核剤 30
求核試薬 30
求核性 30
求核性分子 30,38,145
求核置換反応 66,76,78,83
求核置換 - 付加反応 76
求核付加反応 76,147
   アルデヒドへの— 150
求核付加・求核置換反応 75
求電子剤 30
求電子試薬 30
求電子性分子 38,145
求電子置換反応 58
求電子付加反応 51
鏡像異性 32
共鳴 10
共鳴効果 (R 効果) 23,27,48,64
共鳴構造 39,72
共鳴構造式 10,24

共役	25
共役塩基	16
共役酸	16
共役付加	153,159
共有結合	5
キラル	42
キラル炭素	33
均等（ホモ）開裂	6
均等開裂	8
グアニジル基	117
グアニジン	29
グアニン	107
空軌道	4
クーロン力	1
グリコシダーゼ	128
グリコシド	102
グリコシド結合	101
グリコシル化反応	104,128
グリコシル結合	97
グリセルアルデヒド	98
グリセルアルデヒド 3-リン酸	132
グリセルアルデヒド 3-リン酸脱水素酵素	139
グリセロール	124
グルコース	98
グルコピラノース	99
グルコフラノース	99
グルタミン酸	116,139
クロトンアルデヒド	72
クロリド	173
クロロ酢酸	26
結合解離エネルギー	90
結合電子（対）	5
β-ケトエステル	160
ケト＝エノール平衡	72
α-ケトグルタル酸	139
ケトース	101
ケト型	72
3-ケトチオラーゼ	135
ケトン	148,172,174
ケトン水和物	69
けん化	123
原子核	3
高エネルギーリン酸結合	107
光合成	97
合成	143
ゴーシュ型配座	34
固相反応	123

さ行

酸	15
酸化	139,164
1電子―	140
エポキシ化	151
ジヒドロキシ化	154
酸解離定数	16
酸化的リン酸化	141
酸化反応	62
酸クロリド	64,172,174
酸性度	20
酸無水物	65
1,3-ジアキシアル相互作用	35
シアニド	174
ジエノフィル	93,163
ジエン	93,163
ジオール	154,156
シクロヘキセン	35,169
2-シクロヘキセン-1-オン	169
シクロペンテン	169
2-シクロペンテン-1-オン	169
四酸化オスミウム	56,170
脂質	123,129
シスチン	119
システイン	118
静電的相互作用	1,2
ジスルフィド結合	115,118
シトシン	107
ジヒドロキシアセトンリン酸	132
ジヒドロキシ化	56,154
ジペプチド	121
脂肪酸	124
重水	59
充填軌道	4
重ベンゼン	59
縮合	149
Wittig 反応	149
出発物質	143
触媒	49
触媒サイクル	130
シン (*syn*-) 付加	54
水酸化物イオン	11

水素化アルミニウムリチウム 76,87,165	デカン 173
水素化ジイソブチルアルミニウム 87	テトラデカン 173
水素化ナトリウム 30,80	テルペノイド 123,127
水素化ホウ素ナトリウム .. 30,76,87,153,155,165	転位 54
水素結合 2,119	転位反応 50
水和反応 53	電荷の局在化 23
過酸化物効果 91	電荷の非局在化 24
過酸化ベンゾイル 91	電気陰性度 13,25,134
スチレン 169	電子吸引性 25,48
ステロイド 123,127	電子吸引性置換基 60
スフィンゴ脂質 126	電子吸引性基 26,92
スルファニル基 115,118	電子供与性置換基 60
スルファン 133	電子供与性基 93
スルフィド 136,173	電子伝達系 141
スルホン化 59	電子配置 3
生物活性物質 97	点電子式 4,31
石けん 124	糖 97
接触水素化反応 57,63	糖脂質 126
切断 144	等電点 115
セミキノン 141	α-トコフェロール 142
セリン 115	ドデカン 173
遷移状態 41	トリアコンタン 173
旋光性 33	トリアシルグリセロール 129
双性イオン 115	トリオースホスフェートイソメラーゼ ... 132
疎水効果 2,119	トリクロロ酢酸 26
	トリデカン 173
た行	トリフェニルメチル基 166
	トリプトファン 114
脱炭酸 162	トリメチルアンモニオ基 61
脱プロトン化 68	トレオニン 115
脱離基 42,65	
多糖 102	**な行**
炭水化物 97	
α-炭素 72	ニコチンアミド 138
炭素ラジカル 89	ニコチンアミドアデニンジヌクレオチド 138
単糖 97	ニトリル 172
タンパク質 117	ニトロ化 59
チオール 133,172	ニトロ化合物 173
チオールエステル 133,139	ニトロ基 27,48
チオヘミアセタール 139	二分子求核置換反応 41
置換命名法 172	二分子脱離反応 43
置換基効果 59	尿素 122
チミン 107	ヌクレオシド 107
中性子 3	ヌクレオチド 107
釣り針矢印 39	ねじれ型 33
デカリン 37	ノナン 173

は行

配座異性体 33,44
配糖体 102
パラ位 60
ハライド 174
ハロゲン類 12
非共有電子対 8
ビシクロ環 160
ヒスチジン 117
ビタミン B_2 140
ビタミン E 142
ヒドリド 4
ヒドリド還元 87
ヒドロキシドアニオン 11
ヒドロキシ基 104
ヒドロキシラジカル 125
ヒドロキノン 62,141,142
ピメリン酸ジメチル 161
標的分子 143
ピラノース 99
ピリジン環 139
ピリミジン塩基 107
ピルビン酸 138
ファンデルワールス力 2
フェニルアセチレン 169
フェノキシドアニオン 24
1,2-付加 153,159
1,4-付加 153,159
不均等（ヘテロ）開裂 6,8
複素環 58,107
1,3-ブタジエン 169
ブタン 34,173
tert-ブチルクロリド 47
不対電子 5
2-ブテノ-4-ラクトン 169
3-ブテン-2-オン 169
フッ化水素 12
フラノース 99
フラビンアデニンジヌクレオチド ... 140
プリン塩基 107
フルオリド 173
フルクトース 101
プロスタノイド 123,127
ブロック効果 112

プロトン 4
プロトン移動 68
プロトン化 67
2-プロピン-1-オール 169
プロペナール 169
ブロミド 173
ブロモ化 52,59
ブロモニウムイオン 52
ブロモベンゼン 169
プロリン 114,118
分極 13,52,63
分子間反応 83,158
分子軌道 5,93
分子内反応 83,158
平衡定数 16
平衡反応 39
ヘキサン 146,173
ヘキサン二酸 169
ヘテロ原子 13
ヘプタン 173
ヘプタン二酸 169
ペプチド 117
ペプチド結合 118
ペプチドの自動合成 122
ヘミアセタール 69,99
ヘミアミナール 69
ベンジルアルコール 169
ベンジル位 152
ベンジルブロミド 169
ベンズアルデヒド 169
ベンゼン 10,58
ベンゼン環 10
p-ベンゾキノン 62,94,169
ペンタン 173
5-ペンタノラクトン 169
芳香族 10,139
芳香族化合物 57
芳香族性 58
補酵素 108
補酵素 A 130,133
補酵素 Q 141
保護基 164
ホスファチジルエタノールアミン ... 136
ホスファチジルコリン 136
5-ホスホリボシル二リン酸 112

ボラン 21,54
ポリケチド 127
ポリペプチド 121

ま行

マロン酸エステル 161
マロン酸ジメチル 162,169
マンノース 98,100
水 11
水ホウ素化 - 酸化反応 54
ミミック効果 112
無水マレイン酸 163,169
メソ体 45,52
メタ配向性 61
メタン 7
メチオニン 136
メチルアニオン 8
メチルアミン 28
メチル化 42
メチルカチオン 8
メチルシクロヘキサン 35
メチルラジカル 7
メトキシ基 27
モノアシルグリセロールアシル転移酵素 ... 130

や行

誘起効果 (I 効果) 25,27,46,64
有機銅試薬 146,151,157,159
油脂 124
ユビキノン 141
陽子 3
ヨージド 173
ヨードメタン 79,136

ら行

ラジカルアニオン 92
ラジカルカップリング反応 89,92
ラジカル置換反応 89
ラジカル反応 88,140,142
ラジカル付加・脱離反応 90
ラジカル付加反応 91
ラジカル連鎖反応 90,125
ラセミ化 119
ラセミ体 52,55
リジン 116

律速段階 48,58
立体異性体 32,160
立体化学 44
立体視図 35
立体障害 112
立体選択的 154
立体特異的反応 44,52,56
立体特異的番号 124
立体配置 42,128
律速段階 46
リパーゼ 130
リボース 98,100
リボフラビン 140
硫酸 49
硫酸エステル 103
硫酸化 115
硫酸ジメチル 110,136
両鈎矢印 39
両親媒性物質 2,124
リン酸 109
リン酸化 115
リン酸無水物 107,131,139
リン脂質 126,136
ロウ 124
ローンペア 8

著者紹介

清田 洋正(きよた ひろまさ)
1991年 東京大学大学院農学系研究科 農芸化学専門課程修士課程修了
現　在 岡山大学大学院環境生命科学研究科 天然物有機化学研究室教授（農学博士）

NDC437　190p　21cm

わかる講義(こうぎ)シリーズ
生物有機化学がわかる講義(せいぶつゆうきかがく／こうぎ)

2010年 4月 1日　第1刷発行
2024年 1月17日　第7刷発行

著　者	清田 洋正(きよた ひろまさ)
発行者	森田浩章
発行所	株式会社 講談社

〒112-8001　東京都文京区音羽2-12-21
　　販売　(03) 5395-4415
　　業務　(03) 5395-3615

KODANSHA

編　集	株式会社 講談社サイエンティフィク
	代表 堀越俊一

〒162-0825　東京都新宿区神楽坂2-14　ノービィビル
　　編集　(03) 3235-3701

ＤＴＰ	株式会社 エヌ・オフィス
印刷所	株式会社 平河工業社
製本所	株式会社 国宝社

落丁本・乱丁本は，購入書店名を明記のうえ，講談社業務宛にお送りください．送料小社負担にてお取替えします．なお，この本の内容についてのお問い合わせは，講談社サイエンティフィク宛にお願いいたします．定価はカバーに表示してあります．

© Hiromasa Kiyota, 2010

本書のコピー，スキャン，デジタル化等の無断複製は著作権法上での例外を除き禁じられています．本書を代行業者等の第三者に依頼してスキャンやデジタル化することはたとえ個人や家庭内の利用でも著作権法違反です．

JCOPY　〈(社)出版者著作権管理機構 委託出版物〉

複写される場合は，その都度事前に(社)出版者著作権管理機構（電話 03-5244-5088, FAX 03-5244-5089, e-mail : info@jcopy.or.jp）の許諾を得てください．

Printed in Japan

ISBN 978-4-06-150151-5

講談社の自然科学書

高分子の構造と物性	松下裕秀／編著	定価	7,040 円
改訂 有機人名反応 そのしくみとポイント	東郷秀雄／著	定価	4,290 円
新版 有機反応のしくみと考え方	東郷秀雄／著	定価	5,280 円
ウエスト固体化学	A.R. ウエスト／著 後藤 孝ほか／訳	定価	6,050 円
単位が取れる 有機化学ノート	小川裕司／著	定価	2,860 円

エキスパート応用化学テキストシリーズ

物性化学	古川行夫／著	定価	3,080 円
分析化学	湯地昭夫・日置昭治／著	定価	2,860 円
機器分析	大谷 肇／編著	定価	3,300 円
環境化学	坂田昌弘／編著	定価	3,080 円
高分子科学 合成から物性まで	東 信行・松本章一・西野 孝／著	定価	3,080 円
生体分子化学 基礎から応用まで	杉本直己／編著	定価	3,520 円
触媒化学 基礎から応用まで	田中庸裕・山下弘巳／編著	定価	3,300 円
錯体化学 基礎から応用まで	長谷川靖哉・伊藤 肇／著	定価	3,080 円
有機機能材料 基礎から応用まで	松浦和則ら／著	定価	3,080 円
光化学 基礎から応用まで	長村利彦・川井秀記／著	定価	3,520 円
量子化学	金折賢二／著	定価	3,520 円
コロイド・界面化学	辻井 薫ら／著	定価	3,300 円
セラミックス科学	鈴木義和／著	定価	3,300 円

よくある質問シリーズ

よくある質問 NMR の基本	竹内敬人・加藤敏代／著	定価	2,860 円
よくある質問 NMR スペクトルの読み方	福士江里／著	定価	2,750 円

絶対わかる化学シリーズ

絶対わかる有機化学	齋藤勝裕／著	定価	2,640 円
絶対わかる化学の基礎知識	齋藤勝裕／著	定価	2,640 円
絶対わかる高分子化学	齋藤勝裕・山下啓司／著	定価	2,640 円
絶対わかる分析化学	齋藤勝裕・坂本英文／著	定価	2,640 円
絶対わかる物理化学	齋藤勝裕／著	定価	2,640 円
絶対わかる無機化学	齋藤勝裕・渡會 仁／著	定価	2,640 円

講談社サイエンティフィク　https://www.kspub.co.jp/　「2023 年 12 月現在」